城镇排水与污水处理行业职业技能培训鉴定丛书

污泥处理工培训题库

北京城市排水集团有限责任公司　组织编写

中国林业出版社
·北京·

图书在版编目（CIP）数据

污泥处理工培训题库/北京城市排水集团有限责任公司组织编写. —北京：中国林业出版社，2020.9
（城镇排水与污水处理行业职业技能培训鉴定丛书）
ISBN 978-7-5219-0813-8

Ⅰ.①污… Ⅱ.①北… Ⅲ.①污泥处理-职业技能-鉴定-习题集 Ⅳ.①X703-44

中国版本图书馆CIP数据核字（2020）第179347号

中国林业出版社
责任编辑：陈 惠 樊 菲
电　话：(010) 83143614

出版发行	中国林业出版社(100009　北京市西城区刘海胡同7号)
	https://www.forestry.gov.cn/lycb.html
印　刷	北京中科印刷有限公司
版　次	2020年10月第1版
印　次	2020年10月第1次印刷
开　本	889mm×1194mm　1/16
印　张	9.75
字　数	305千字
定　价	58.00元

未经许可，不得以任何方式复制或抄袭本书之部分或全部内容。

版权所有　侵权必究

城镇排水与污水处理行业职业技能培训鉴定丛书编写委员会

主　　　编　郑　江

副 主 编　张建新　蒋　勇　王　兰　张荣兵

执行副主编　王增义

《污泥处理工培训题库》编写人员

宋晓雅　陈靖轩　念　东　郭　超　王　浩
崔春玥　宋　垚　郝　姗　昌伟宏

前 言

2018年10月，我国人力资源和社会保障部印发了《技能人才队伍建设实施方案（2018—2020年）》，提出加强技能人才队伍建设、全面提升劳动者就业创业能力是新时期全面贯彻落实就业优先战略、人才强国战略、创新驱动发展战略、科教兴国战略和打好精准脱贫攻坚战的重要举措。

我国正处在城镇化发展的重要时期，城镇排水行业是市政公用事业和城镇化建设的重要组成部分，是国家生态文明建设的主力军。为全面加强城镇排水行业职业技能队伍建设，培养和提升从业人员的技术业务能力和实践操作能力，积极推进城镇排水行业可持续发展，北京城市排水集团有限责任公司组织编写了本套城镇排水与污水处理行业职业技能培训鉴定丛书。

本套丛书是基于北京城市排水集团有限责任公司近30年的城镇排水与污水处理设施运营经验，依据国家和行业的相关技术规范以及职业技能标准，并参考高等院校教材及相关技术资料编写而成，包括排水管道工、排水巡查员、排水泵站运行工、城镇污水处理工、污泥处理工共5个工种的培训教材和培训题库，内容涵盖安全生产知识、基本理论常识、实操技能要求和日常管理要素，并附有相应的生产运行记录和统计表单。

本套丛书主要用于城镇排水与污水处理行业从业人员的职业技能培训和考核，也可供从事城镇排水与污水处理行业的专业技术人员参考。

由于编者水平有限，丛书中可能存在不足之处，希望读者在使用过程中提出宝贵意见，以便不断改进完善。

2020年6月

目　录

第一章　初级工 ……………………………………………………………（1）

　第一节　安全知识 …………………………………………………………（1）

　　一、单选题 ………………………………………………………………（1）

　　二、多选题 ………………………………………………………………（6）

　　三、简答题 ………………………………………………………………（9）

　第二节　理论知识 …………………………………………………………（9）

　　一、单选题 ………………………………………………………………（9）

　　二、多选题 ………………………………………………………………（17）

　　三、简答题 ………………………………………………………………（21）

　　四、计算题 ………………………………………………………………（22）

　第三节　操作知识 …………………………………………………………（23）

　　一、单选题 ………………………………………………………………（23）

　　二、多选题 ………………………………………………………………（26）

　　三、简答题 ………………………………………………………………（26）

　　四、实操题 ………………………………………………………………（27）

第二章　中级工 ……………………………………………………………（28）

　第一节　安全知识 …………………………………………………………（28）

　　一、单选题 ………………………………………………………………（28）

　　二、多选题 ………………………………………………………………（33）

　　三、简答题 ………………………………………………………………（36）

　　四、实操题 ………………………………………………………………（36）

　第二节　理论知识 …………………………………………………………（37）

　　一、单选题 ………………………………………………………………（37）

　　二、多选题 ………………………………………………………………（45）

　　三、简答题 ………………………………………………………………（49）

　　四、计算题 ………………………………………………………………（50）

　第三节　操作知识 …………………………………………………………（51）

　　一、单选题 ………………………………………………………………（51）

　　二、多选题 ………………………………………………………………（54）

　　三、简答题 ………………………………………………………………（56）

　　四、实操题 ………………………………………………………………（57）

第三章　高级工 ……………………………………………………………（59）

　第一节　安全知识 …………………………………………………………（59）

　　一、单选题 ………………………………………………………………（59）

　　二、多选题 ………………………………………………………………（65）

  三、简答题 …………………………………………………………………… (67)
  四、实操题 …………………………………………………………………… (68)
 第二节　理论知识 ……………………………………………………………… (69)
  一、单选题 …………………………………………………………………… (69)
  二、多选题 …………………………………………………………………… (77)
  三、简答题 …………………………………………………………………… (81)
  四、计算题 …………………………………………………………………… (82)
 第三节　操作知识 ……………………………………………………………… (83)
  一、单选题 …………………………………………………………………… (83)
  二、多选题 …………………………………………………………………… (86)
  三、简答题 …………………………………………………………………… (88)
  四、实操题 …………………………………………………………………… (89)

第四章　技　师 ……………………………………………………………… (90)

 第一节　安全知识 ……………………………………………………………… (90)
  一、单选题 …………………………………………………………………… (90)
  二、多选题 …………………………………………………………………… (95)
  三、简答题 …………………………………………………………………… (97)
  四、实操题 …………………………………………………………………… (98)
 第二节　理论知识 ……………………………………………………………… (98)
  一、单选题 …………………………………………………………………… (98)
  二、多选题 …………………………………………………………………… (105)
  三、简答题 …………………………………………………………………… (108)
  四、计算题 …………………………………………………………………… (109)
 第三节　操作知识 ……………………………………………………………… (109)
  一、单选题 …………………………………………………………………… (109)
  二、多选题 …………………………………………………………………… (112)
  三、简答题 …………………………………………………………………… (114)
  四、实操题 …………………………………………………………………… (115)

第五章　高级技师 …………………………………………………………… (117)

 第一节　安全知识 ……………………………………………………………… (117)
  一、单选题 …………………………………………………………………… (117)
  二、多选题 …………………………………………………………………… (121)
  三、简答题 …………………………………………………………………… (124)
  四、实操题 …………………………………………………………………… (124)
 第二节　理论知识 ……………………………………………………………… (124)
  一、单选题 …………………………………………………………………… (124)
  二、多选题 …………………………………………………………………… (134)
  三、简答题 …………………………………………………………………… (137)
  四、计算题 …………………………………………………………………… (138)
 第三节　操作知识 ……………………………………………………………… (139)
  一、单选题 …………………………………………………………………… (139)
  二、多选题 …………………………………………………………………… (141)
  三、简答题 …………………………………………………………………… (143)
  四、实操题 …………………………………………………………………… (144)

第一章

初 级 工

第一节　安全知识

一、单选题

1. 关于危险化学品安全技术说明书的主要作用以下不正确的是(　　)。
A. 是化学品安全生产、安全流通、安全使用的指导性文件
B. 是应急作业人员进行应急作业时的法规指南
C. 为制订危险化学品安全操作规程提供技术信息
D. 是企业进行安全教育的重要内容
答案：B

2. (　　)由生产企业在货物出厂前粘贴、挂拴、喷印在包装或容器的明显位置，若改换包装，则由改换单位重新粘贴、挂拴、喷印。
A. 应急文件　　　　　　　　　B. 化学品安全技术说明书
C. 安全标签　　　　　　　　　D. 安全标识
答案：C

3. 反硝化生物滤池作业场所可能涉及的危险化学品有(　　)。
A. 金属钠　　　B. 液氧　　　C. 氢氧化钠　　　D. 甲醇
答案：D

4. 中和反应作业场所可能涉及的危险化学品有(　　)。
A. 金属钠　　　B. 液氧　　　C. 氢氧化钠　　　D. 甲醇
答案：C

5. 臭氧制备场所可能涉及的危险化学品有(　　)。
A. 金属钠　　　B. 液氧　　　C. 氢氧化钠　　　D. 甲醇
答案：B

6. 以下哪项不属于危险化学品火灾爆炸事故的预防措施(　　)。
A. 防止可燃可爆混合物的形成　　　B. 控制工艺参数
C. 消除点火源　　　　　　　　　　D. 个体防护
答案：D

7. 以下哪种物质有毒性、窒息性和腐蚀性(　　)。
A. 压缩空气　　　B. 氨气　　　C. 硫磺　　　D. 钠
答案：B

8. 以下属于有易挥发性、易流动扩散性、受热膨胀性的物质是(　　)。
A. 压缩空气　　　B. 甲烷　　　C. 甲苯　　　D. 钠

答案：C

9. 以下属于燃点低，对热、撞击、摩擦敏感，易被外部火源点燃，燃烧迅速，并可能散发出有毒烟雾或有毒气体的物质是（   ）。
   A. 压缩空气　　　　　B. 甲烷　　　　　　C. 硫磺　　　　　　D. 钠
   答案：C

10. 以下属于自燃点低，在空气中易于发生氧化反应，放出热量，而自行燃烧的物质是（   ）。
    A. 白磷　　　　　　B. 甲烷　　　　　　C. 氰化钾　　　　　　D. 钠
    答案：A

11. 以下属于遇水或受潮时，发生剧烈化学反应，放出大量的易燃气体和热量的物质是（   ）。
    A. 压缩空气　　　　　B. 甲烷　　　　　　C. 硫磺　　　　　　D. 钠
    答案：D

12. 在易燃易爆危险化学品存储区域，应在醒目位置设置（   ）标识，防止发生火灾爆炸事故。
    A. 严禁逗留　　　　B. 当心火灾　　　　C. 禁止吸烟和明火　　　D. 火警电话
    答案：C

13. 以下不是企业制定安全生产规章制度的依据的是（   ）。
    A. 国家法律、法规的明确要求　　　　　　B. 生产发展的需要
    C. 企业安全管理的需要　　　　　　　　　D. 劳动生产率提高的需要
    答案：D

14. （   ）是指组织安全生产会议，加强部门之间安全工作的沟通和推进安全管理，及时了解企业的安全状态。
    A. 安全生产会议制度　　　　　　　　　B. 安全生产教育培训制度
    C. 安全生产检查制度　　　　　　　　　D. 职业健康方面的管理制度
    答案：A

15. （   ）是指落实安全生产法有关安全生产教育培训的要求，规范企业安全生产教育培训管理，提高员工安全知识水平和实际操作技能。
    A. 安全生产会议制度　　　　　　　　　B. 安全生产教育培训制度
    C. 安全生产检查制度　　　　　　　　　D. 职业健康方面的管理制度
    答案：B

16. （   ）是指落实《中华人民共和国职业病防治法》和《工作场所职业卫生监督管理规定》等有关规定要求，加强职业危害防治工作，减少职业病危害，维护员工和企业利益。
    A. 安全生产会议制度　　　　　　　　　B. 安全生产教育培训制度
    C. 安全生产检查制度　　　　　　　　　D. 职业健康方面的管理制度
    答案：D

17. （   ）是指落实《中华人民共和国安全生产法》和《中华人民共和国劳动法》等法律法规要求，保护从业人员在生产过程中的安全与健康，预防和减少事故发生。
    A. 劳动防护用品配备、管理和使用制度　　B. 安全生产考核和奖惩制度
    C. 危险作业审批制度　　　　　　　　　D. 生产安全事故隐患排查治理制度
    答案：A

18. 以下不属于安全从业人员的职责的是（   ）。
    A. 自觉遵守安全生产规章制度，不违章作业，并随时制止他人的违章作业
    B. 不断提高安全意识，丰富安全生产知识，增加自我防范能力
    C. 组织制定安全规章制度
    D. 积极参加安全学习及安全培训，掌握本职工作所需的安全生产知识，提高安全生产技能，增加事故预防和应急处理能力
    答案：C

19. 关于安全从业人员的职责，以下描述不正确的是（   ）。

A. 爱护和正确使用机械设备、工具及个人防护用品
B. 主动提出改进安全生产工作意见
C. 有权对单位安全工作中存在的问题提出批评、检举、控告，不得拒绝违章指挥和强令冒险作业
D. 发现直接危及人身安全的紧急情况时，有权停止作业或者在采取可能的应急措施后，撤离作业现场
答案：C

20. 有限空间作业中，（　　）是指采取加装盲板、封堵、导流等措施，阻断有毒有害气体、蒸汽、水、尘埃或泥沙等威胁作业安全的物质涌入有限空间的通路。
A. 通风　　　　　　B. 封闭　　　　　　C. 隔离　　　　　　D. 标识
答案：C

21. 通风时通风量应足够，保证能置换稀释作业过程中释放出来的有害物质，必须能满足（　　）的要求。
A. 人员安全呼吸　　　　　　　　　　B. 设备正常运行
C. 管理指挥　　　　　　　　　　　　D. 防火防爆
答案：A

22. 对于不同密度的气体应采取不同的通风方式。有毒有害气体密度比空气大的（如硫化氢），通风时应选择（　　）。
A. 上部　　　　　　B. 中上部　　　　　C. 中部　　　　　　D. 中下部
答案：D

23. 操作人员必须经过专门训练，熟悉了解设备的性能、操作要领及注意事项，（　　）后，方准进行工作。
A. 操作指导　　　　B. 培训　　　　　　C. 自主学习　　　　D. 考核合格
答案：D

24. 电气设备外壳接地属于（　　）。
A. 工作接地　　　　B. 防雷接地　　　　C. 保护接地　　　　D. 大接地
答案：C

25. 熟悉工作区域（　　）的位置，一旦发生火灾、触电或其他电气事故时，应第一时间切断电源，避免造成更大的财产损失和人身伤亡。
A. 插座　　　　　　B. 电动设备　　　　C. 照明设备　　　　D. 总闸
答案：D

26. 发生电气设备故障时，（　　）自行拆卸。
A. 不要　　　　　　B. 可以　　　　　　C. 必须　　　　　　D. 视情况而定是否
答案：A

27. 在池上检修设备时，穿救生衣、佩戴安全带，（　　）有人现场监护。
A. 严禁　　　　　　B. 可以　　　　　　C. 必须　　　　　　D. 视情况而定是否
答案：C

28. 移动所有的电气设备时，不论固定设备还是移动设备，（　　）先切断电源再移动。
A. 严禁　　　　　　B. 可以　　　　　　C. 必须　　　　　　D. 视情况而定是否
答案：C

29. 电气着火后，以下不可用的灭火器或物质是（　　）。
A. 二氧化碳灭火器　　　　　　　　　B. 四氯化碳灭火器
C. 泡沫灭火器　　　　　　　　　　　D. 黄沙
答案：C

30. 危险化学品应当储存在专门地点，由专人管理，（　　），不得与其他物资混合储存，储存方式方法与储存数量必须符合国家标准。
A. 单人收发、单人保管　　　　　　　B. 单人收发、双人保管
C. 双人收发、双人保管　　　　　　　D. 双人收发、单人保管
答案：C

31. 压缩气体和液化气体的储存条件是( )。
   A. 必须与爆炸物品、氧化剂隔离储存　　　B. 必须与易燃物品、自燃物品隔离储存
   C. 必须与腐蚀性物品隔离储存　　　　　　D. 以上全部正确
   答案：D

32. 盛装液化气体的容器，属于压力容器，必须有( )，并定期检查，不得超装。
   A. 压力表　　　　　B. 安全阀　　　　　C. 紧急切断装置　　　　　D. 以上全部正确
   答案：D

33. 以下危险化学品储存描述不正确的是( )。
   A. 腐蚀性物品包装必须严密，不允许泄漏，严禁与液化气体和气体物品混存
   B. 遇水容易发生燃烧、爆炸的危险化学品，尽量不要存放在潮湿或容易积水的地点
   C. 受阳光照射容易发生燃烧、爆炸的危险化学品，不得存放在露天或者高温的地方，必要时还应该采取降温和隔热措施
   D. 容器、包装要完整无损，如发现破损、渗漏必须立即进行处理
   答案：B

34. 卸危险化学品时，应避免使用( )工具。
   A. 木质　　　　　　B. 铁质　　　　　　C. 铜质　　　　　　D. 陶质
   答案：B

35. 稀释或制备溶液时，应把( )，避免沸腾和飞溅。
   A. 腐蚀性危险化学品加入水中　　　　　　B. 水加入腐蚀性危险化学品中
   C. 水与腐蚀性危险化学品共同倒入容器　　D. 以上全部正确
   答案：A

36. 氧瓶内压一般为 0.6~0.8MPa，不能在太阳下曝晒或接近热源，防止( )发生爆炸。
   A. 挥发　　　　　　B. 蒸发　　　　　　C. 液化　　　　　　D. 汽化
   答案：D

37. 开启氯瓶前，要检查氯瓶放置的位置是否正确，保证出口朝( )。
   A. 上　　　　　　　B. 下　　　　　　　C. 斜下　　　　　　D. 水平方向
   答案：A

38. 关于危险化学品使用，以下描述不正确的是( )。
   A. 搬动药品时必须轻拿轻放
   B. 严禁摔、翻、掷、抛、拖拽、摩擦或撞击，但可以滚动
   C. 作业人员在每次操作完毕后，应立即用肥皂彻底清洗手、脸，并用清水漱口
   D. 做好相应的防挥发、防泄漏、防火、防盗等预防措施，应有处理泄漏、着火等应急保障设施
   答案：B

39. 需要用手测量零件，或进行润滑、清扫杂物等，在必须进行时，应首先( )。
   A. 寻找人员监护　　　　　　　　　　　　B. 关停机械设备
   C. 设置设备慢运行　　　　　　　　　　　D. 佩戴劳动防护用品
   答案：B

40. 《中华人民共和国突发事件应对法》将( )定义为突然发生，造成或者可能造成严重社会危害，需要采取应急处置措施予以应对的自然灾害、事故灾难、公共卫生事件和社会安全事件。
   A. 紧急事件　　　　B. 突发事件　　　　C. 突发事故　　　　D. 突发情况
   答案：B

41. ( )是指生产经营单位应急预案体系的总纲，主要从总体上阐述事故的应急工作原则，包括生产经营单位的应急组织机构及职责、应急预案体系、事故风险描述、预警及信息报告、应急响应、保障措施、应急预案管理等内容。
   A. 综合应急预案　　　　　　　　　　　　B. 专项应急预案
   C. 现场处置方案　　　　　　　　　　　　D. 安全操作规程

答案：A

42. （　　）是指反映应急救援工作的优先方向、政策、范围和总体目标（如保护人员安全优先，防止和控制事故蔓延优先，保护环境优先），体现预防为主、常备不懈、统一指挥、高效协调以及持续改进的思想。
    A. 方针与原则　　　　　　B. 应急策划　　　　　　C. 应急准备　　　　　　D. 应急响应
    答案：A

43. （　　）是指依法编制应急预案，满足应急预案的针对性、科学性、实用性与可操作性的要求。
    A. 方针与原则　　　　　　B. 应急策划　　　　　　C. 应急准备　　　　　　D. 应急响应
    答案：B

44. （　　）是指根据应急策划的结果，主要针对可能发生的应急事件，做好各项准备工作。
    A. 方针与原则　　　　　　B. 应急策划　　　　　　C. 应急准备　　　　　　D. 应急响应
    答案：C

45. （　　）是指在事故险情、事故发生状态下，在对事故情况进行分析评估的基础上，有关组织或人员按照应急救援预案所采取的应急救援行动。
    A. 方针与原则　　　　　　B. 应急策划　　　　　　C. 应急准备　　　　　　D. 应急响应
    答案：D

46. 《国家突发事件总体应急预案》提出的工作原则中，（　　）是指以落实实践科学发展观为准绳，把保障人民群众生命财产安全，最大限度地预防和减少突发事件所造成的损失作为首要任务。
    A. 以人为本，安全第一原则　　　　　　B. 统一领导，分级负责原则
    C. 依靠科学，依法规范原则　　　　　　D. 预防为主，平战结合原则
    答案：A

47. 《国家突发事件总体应急预案》中提出的工作原则中，（　　）是指在本单位领导统一组织下，发挥各职能部门作用，逐级落实安全生产责任，建立完善的突发事件应急管理机制。
    A. 以人为本，安全第一原则　　　　　　B. 统一领导，分级负责原则
    C. 依靠科学，依法规范原则　　　　　　D. 预防为主，平战结合原则
    答案：B

48. 应急响应是在事故险情、事故发生状态下，在对事故情况进行分析评估的基础上，有关组织或人员按照应急救援预案所采取的应急救援行动。应急响应不包括（　　）。
    A. 公众知识的培训　　B. 应急人员安全　　C. 警戒与治安　　D. 指挥与控制
    答案：A

49. 窒息的主要原因是有限空间内（　　）含量过低。
    A. 氮气　　　　　　B. 一氧化碳　　　　　　C. 二氧化碳　　　　　　D. 氧
    答案：D

50. 发生人员有毒有害气体中毒后，报警内容中应包括（　　）。
    A. 单位名称、详细地址　　　　　　B. 发生中毒事故的时间、报警人及联系电话
    C. 有毒有害气体的种类、危险程度　　D. 以上全部包括
    答案：D

51. 关于溺水后救护的要点，以下不正确的是（　　）。
    A. 救援人员必须正确穿戴救援防护用品后，确保安全后方可进入施救，以免盲目施救发生次生事故
    B. 迅速将伤者移至救助人员较多的地点
    C. 判断伤者意识、心跳、呼吸、脉搏
    D. 清理口腔及鼻腔中的异物
    答案：B

52. 关于溺水后救护的要点，以下不正确的是（　　）。
    A. 判断伤者意识、心跳、呼吸、脉搏
    B. 清理口腔及鼻腔中的异物
    C. 等待救护人员到位后进行施救

D. 搬运伤者过程中要轻柔、平稳，尽量不要拖拉、滚动

答案：C

53. 以下关于人员急救不正确的是（　　）。

A. 对意识清醒患者实施保暖措施，进一步检查患者，尽快送医治疗

B. 对意识丧失但有呼吸心跳患者实施人工呼吸

C. 确保保暖，避免呕吐物堵塞呼吸道

D. 对有心跳患者实施心肺复苏术

答案：D

54. 用水蒸气、惰性气体（如二氧化碳、氮气等）充入燃烧区域进行灭火的方法是（　　）。

A. 冷却灭火法　　　B. 隔离灭火法　　　C. 窒息灭火法　　　D. 抑制灭火法

答案：C

55. （　　）灭火器适用于扑灭易燃、可燃液体、气体及带电设备的初起火灾，还可扑救固体类物质的初起火灾，但不能扑救金属燃烧火灾。

A. 空气泡沫　　　B. 手提式干粉　　　C. 二氧化碳　　　D. 酸碱

答案：B

56. 灭火时，操作者应对准火焰（　　）扫射。

A. 上部　　　B. 中部　　　C. 根部　　　D. 中上部

答案：C

57. （　　）灭火器，适用于扑灭精密仪器、电子设备、珍贵文件、小范围的油类等引发的火灾，但不宜用于扑灭金属钾、钠、镁等引起的火灾。

A. 空气泡沫　　　B. 手提式干粉　　　C. 二氧化碳　　　D. 酸碱

答案：C

58. 以下区域可能是有限空间的是（　　）。

A. 员工宿舍　　　B. 办公室　　　C. 配电室　　　D. 污泥储存或处理设施

答案：D

59. 为保证设备操作者的安全，设备照明灯的电压应选（　　）。

A. 380V　　　B. 220V　　　C. 110V　　　D. 36V 以下

答案：D

二、多选题

1. 危险源的有效防范应利用（　　）消除、控制危险源，防止危险源导致事故发生，造成人员伤害和财产损失。

A. 工程技术控制　　　B. 个人行为控制　　　C. 安全教育培训

D. 管理手段　　　E. 日常安全检查

答案：ABD

2. 有限空间内有毒有害气体物质主要来自于（　　）。

A. 存储的有毒化学品残留、泄漏或挥发

B. 某些生产过程中有物质发生化学反应，产生有毒物质，如有机物分解产生硫化氢

C. 某些相连或接近的设备或管道的有毒物质渗漏或扩散

D. 作业过程中引入或产生有毒物质，如焊接、喷漆或使用某些有机溶剂进行清洁

E. 因通风使有毒气体扩散

答案：ABCD

3. 有限空间作业必须配备个人防中毒、窒息等防护装备，设置安全警示标识，严禁无防护监护措施作业。现场要备足救生用的安全带、防毒面具、空气呼吸器等防护救生器材，并确保器材处于有效状态。安全防护装备包括：（　　）、应急救援设备和个人防护用品。

A. 作业指导书　　　B. 通风设备　　　C. 照明设备　　　D. 通讯设备

答案：BCD

4. 危险化学品使用人员必须做到（　　）。
A. 了解危险化学品的特性
B. 正确穿戴、使用各种安全防护用品用具
C. 做好个人安全防护工作
D. 严格按照危险化学品操作规程操作

答案：ABCD

5. 受阳光照射容易发生燃烧、爆炸的危险化学品，（　　）。
A. 不得存放在高温的地方
B. 必要时还应该采取降温措施
C. 必要时还应该采取隔热措施
D. 不得存放在露天的地方

答案：ABCD

6. 关于藉物救援，以下描述正确的有（　　）。
A. 其指救援者直接向落水者伸手将淹溺者拽出水面的救援方法
B. 救援者应尽量站在远离水面同时又能够到淹溺者的地方，将可延长距离的营救物如树枝、木棍、竹竿等物送至落水者前方，并嘱其牢牢握住
C. 适用于营救者与淹溺者的距离较近（数米之内）同时淹溺者还清醒的情况
D. 应避免坚硬物体给淹溺者造成伤害，应从淹溺者身侧横向移动交给溺者，不可直接伸向淹溺者胸前，以防将其刺伤

答案：BCD

7. 人员受伤后的处理，以下描述正确的有（　　）。
A. 当伤口很深、流血过多时，应该立即止血
B. 如果条件不足，一般用手直接按压可以快速止血
C. 如果条件允许，可以在伤口处放一块干净、吸水的毛巾，然后用手压紧
D. 不可以清水清理伤口

答案：ABC

8. 关于高处坠落事故应急措施，以下描述正确的有（　　）。
A. 发生高空坠落事故后，现场知情人应当立即采取措施，切断或隔离危险源，防止救援过程中发生次生灾害
B. 当发生人员轻伤时，现场人员应采取防止受伤人员大量失血、休克、昏迷等紧急救护措施
C. 遇有创伤性出血的伤员，应迅速包扎止血，使伤员保持在脚低头高的卧位，并注意保暖
D. 如果伤者处于昏迷状态但呼吸心跳未停止，应立即进行口对口人工呼吸，同时进行胸外心脏按压。昏迷者应平卧，面部转向一侧，维持呼吸道通畅，以防舌根下坠或分泌物、呕吐物吸入，发生喉阻塞

答案：ABD

9. 化验室必须建立危险化学品、剧毒物等管理制度，该类化学品的（　　）必须有严格的手续。
A. 申购　　　B. 储存　　　C. 领取　　　D. 使用和销毁

答案：ABCD

10. 小张作为新入职的污水处理工，上岗前水厂对其进行安全教育，教育内容包括其岗位所接触的危险源。污水处理厂主要的危险源包括（　　）。
A. 有毒有害气体中毒与窒息　　　B. 起重伤害　　　C. 触电
D. 高空跌落　　　E. 溺水

答案：ABDE

11. 消毒作业场所可能涉及的危险化学品有（　　）。
A. 次氯酸钠　　　B. 柠檬酸　　　C. 臭氧　　　D. 氯气

答案：CD

12. 以下可与空气能形成爆炸性混合物的气体是（　　）。
A. 氮气　　　B. 甲烷　　　C. 一氧化碳　　　D. 氢气

答案：BCD

13. 以下属于遇水或受潮时，发生剧烈化学反应，放出大量的易燃气体和热量的物质是（　　）。

A. 钙   B. 钾   C. 钠   D. 铝
答案：BC

14. 危险化学品是指具有(　　)、助燃等性质，对人体、设施、环境具有危害的剧毒化学品和其他化学品。
A. 毒害   B. 腐蚀   C. 爆炸   D. 燃烧
答案：ABCD

15. 下列属于污水处理厂内可能发生中毒窒息事故的场所的是(　　)。
A. 鼓风机房   B. 格栅间   C. 排水管道   D. 配电间   E. 水渠
答案：BCE

16. 职工应履行义务，在发现事故隐患和不安全因素后，及时向(　　)报告。
A. 现场安全生产管理人员   B. 上级领导   C. 单位负责人
D. 班组长   E. 任何管理人员
答案：AC

17. 以下属于污水处理厂常见有限空间的是(　　)。
A. 竖井   B. 下水道泵站   C. 格栅间   D. 污泥储存或处理设施
答案：ABCD

18. 进入重点防火防爆区禁止(　　)，重点部位设置防火器材。
A. 携带火种   B. 携带打火机   C. 穿铁钉鞋
D. 穿有静电工作服   E. 长发人员进入
答案：ABCD

19. 《中华人民共和国突发事件应对法》将突发事件定义为突然发生，造成或者可能造成严重社会危害，需要采取应急处置措施予以应对的(　　)。
A. 自然灾害   B. 事故灾难   C. 公共卫生事件   D. 社会安全事件
答案：ABCD

20. 膜清洗作业场所可能涉及的危险化学品有(　　)。
A. 次氯酸钠   B. 柠檬酸   C. 臭氧   D. 氢氧化钠
答案：ABD

21. 《化学品安全标签编写规定》中规定，安全标签是用(　　)的组合形式，表示化学品所具有的危险性和安全注意事项。
A. 编码   B. 图形符号   C. 表格   D. 文字
答案：ABD

22. 下列直接触电防护措施描述正确的是(　　)。
A. 绝缘，即用绝缘的方法来防止触及带电体，不让人体和带电体接触，从而避免发生触电事故
B. 屏护，即用屏障或围栏防止触及带电体，设置的屏障或围栏与带电体距离较近
C. 障碍，即设置障碍以防止无意触及带电体或接近带电体，但不能防止有意绕过障碍去触及带电体
D. 间隔，即保持间隔以防止无意触及带电体
E. 安全标志，使用安全标志是保证安全生产预防触电事故的重要措施
答案：ACDE

23. 关于灭火通常采用的方法描述正确的有(　　)。
A. 隔离灭火法是将燃烧物与附近可燃物隔离或者疏散开，从而使燃烧停止
B. 将火源附近的易燃易爆物质转移到安全地点是采用隔离灭火法
C. 关闭设备或管道上的阀门，阻止可燃气体、液体流入燃烧区是采用隔离灭火法
D. 排除生产装置、容器内的可燃气体、液体，阻拦、疏散可燃液体或扩散的可燃气体是采用隔离灭火法
答案：ABCD

24. 灭火器主要有(　　)。
A. 水型灭火器   B. 空气泡沫灭火器   C. 干粉灭火器   D. 二氧化碳灭火器

答案：ABCD

25. 火灾逃生自救应注意（　　）。
A. 火灾袭来时要迅速逃生，不要贪恋财物
B. 平时就要了解掌握火灾逃生的基本方法，熟悉几条逃生路线
C. 受到火势威胁时，要当机立断披上浸湿的衣物、被褥等向安全出口方向冲出去
D. 穿过浓烟逃生时，要尽量使身体贴近地面，并用湿毛巾捂住口鼻
答案：ABCD

26. 生产企业在货物出厂前安全标签（　　）在包装或容器的明显位置。
A. 粘贴　　　　　B. 无须　　　　　C. 挂拴　　　　　D. 喷印
答案：ACD

27. 国务院发布的《国家突发事件总体应急预案》中提出的工作原则包括（　　）。
A. 以人为本，安全第一原则　　　　　B. 统一领导，分级负责原则
C. 依靠科学，依法规范原则　　　　　D. 预防为主，平战结合原则
答案：ABCD

三、简答题

1. 常见的触电原因有哪些？
答：(1)违章冒险；(2)缺乏电气知识；(3)无意触摸绝缘损坏的带电导线或金属体。

2. 发生电火警怎么办？
答：(1)先切断电源；(2)用1211或二氧化碳灭火器灭火；灭火时不要触及电气设备，尤其要注意落在地上的电线，防止触电事故的发生并及时报警。

3. 电气火灾事故的一般处理方法有哪些？
答：(1)关闭电源开关，切断电源；用稀土、沙土、干粉灭火器、二氧化碳灭火器进行灭火。
(2)对于无法切断电源的带电火灾，必须带电灭火时，应当优选二氧化碳、干粉等灭火剂灭火，另外，灭火人员应穿戴绝缘胶鞋、手套或绝缘服；如水枪安装接地线的情况下，可以采用喷雾水或直流水灭火。

第二节　理论知识

一、单选题

1. 改造老城市的合流制排水系统时，通常采用的是（　　）。
A. 截流式合流制排水系统　　　　　B. 直排式合流制排水系统
C. 完全分流制排水系统　　　　　　D. 不完全分流制排水系统
答案：A

2. 在新建地区排水一般采用（　　）。
A. 分流制　　　B. 直排式合流制　　　C. 完全式合流制　　　D. 不完全式合流制
答案：A

3. 合流制排水管道的造价比完全分流制的管道造价一般要低（　　）。
A. 10%～15%　　　B. 20%～40%　　　C. 40%～50%　　　D. 50%～55%
答案：B

4. 在每一根出户管与室外居住小区管道相连接的连接点都设有（　　），供检查和清通管道之用。
A. 检查井　　　B. 竖管　　　C. 检测器　　　D. 管道井
答案：A

5. 布置在建筑物周围用以收集建筑物各污水出户管的污水管道是（　　）。
A. 接户管　　　B. 污水支管　　　C. 污水干管　　　D. 出户管
答案：A

6. 污水一般以重力流排除，但受到地形等条件限制而发生排除困难的时候，须设置（　　）。
A. 污水泵站　　　　　B. 压力管道　　　　　C. 主干管　　　　　D. 支干管
答案：A

7. 仅适用于雨水的排水布置形式是（　　）。
A. 正交布置　　　　　B. 截流式布置　　　　C. 平行式布置　　　　D. 分区布置
答案：A

8. 室外污水管道系统是指依靠（　　）将污水输送至泵站、污水处理厂或水体管道的系统。
A. 重力　　　　　　　B. 泵力系统　　　　　C. 外作用力　　　　　D. 合力
答案：A

9. 当工业废水能产生引起爆炸或火灾的气体时，其管道系统中必须设置（　　）。
A. 检查井　　　　　　B. 跌水井　　　　　　C. 水封井　　　　　　D. 事故排放口
答案：C

10. 细菌是没有（　　）的原核生物。
A. 细胞壁　　　　　　B. 原生质　　　　　　C. 细胞核　　　　　　D. 细胞液
答案：C

11. 细胞的繁殖方式是（　　）。
A. 分裂生殖　　　　　B. 出芽生殖　　　　　C. 孢子生殖　　　　　D. 营养生殖
答案：A

12. 电气设备外壳接地属于（　　）。
A. 工作接地　　　　　B. 防雷接地　　　　　C. 保护接地　　　　　D. 大接地
答案：C

13. 线路的过电流保护是用于保护（　　）的。
A. 开关　　　　　　　B. 变流器　　　　　　C. 线路　　　　　　　D. 母线
答案：C

14. 工作电压在（　　）以上的电器称为高压电器。
A. 300V　　　　　　　B. 500V　　　　　　　C. 800V　　　　　　　D. 1000V
答案：D

15. 在实际电路中，灯泡的正确接法是（　　）。
A. 串联　　　　　　　B. 并联　　　　　　　C. 混联　　　　　　　D. 不能确定
答案：B

16. 一般钳形电流表，不适用（　　）电流的测量。
A. 单相交流电路　　　B. 三相交流电路　　　C. 直流电路　　　　　D. 高压交流二次回路
答案：C

17. 额定功率为1W，电阻值为100Ω的电阻，允许通过的最大电流为（　　）。
A. 100A　　　　　　　B. 1A　　　　　　　　C. 0.1A　　　　　　　D. 0.01A
答案：C

18. 常用的工业交流电的频率是（　　）。
A. 10Hz　　　　　　　B. 20Hz　　　　　　　C. 50Hz　　　　　　　D. 100Hz
答案：C

19. 接触器中灭弧装置的作用是（　　）。
A. 防止触头烧毁　　　B. 加快触头分断速度　C. 减小触头电流　　　D. 减小电弧引起的反电势
答案：A

20. 保护接零就是将电气设备的金属外壳接到（　　）上。
A. 大地　　　　　　　B. 避雷针　　　　　　C. 零线　　　　　　　D. 火线
答案：C

21. 少油断路器的灭弧方法是（　　）。

A. 横吹和纵吹 B. 速拉 C. 合弧切断 D. 钢片冷却
答案：A

22. 下列开关中不是刀开关的是（　　）。
A. 闸刀开关 B. 倒顺开关 C. 空气开关 D. 铁壳开关
答案：C

23. 低压电动机的绝缘电阻应在（　　）以上。
A. 10MΩ B. 1MΩ C. 0.1MΩ D. 0.01MΩ
答案：B

24. 会立刻造成严重后果的电路状态是（　　）。
A. 过载 B. 短路 C. 断路 D. 失压
答案：B

25. 电气设备在额定工作状态下工作时，称为（　　）。
A. 轻载 B. 满载 C. 过载 D. 超载
答案：B

26. 三相异步电动机旋转磁场的旋转方向是由三相电源的（　　）决定的。
A. 相位 B. 相序 C. 频率 D. 相位角
答案：B

27. 若将一根阻值为1Ω的导线对折起来，其阻值为原阻值的（　　）。
A. 1/4倍 B. 1/2倍 C. 2倍 D. 4倍
答案：A

28. 变压器是传递（　　）的电气设备。
A. 电压 B. 电流 C. 电压、电流和阻抗 D. 电能
答案：D

29. 有2个20Ω的电阻，1个10Ω的电阻，将它们并联后的总电阻为（　　）。
A. 50Ω B. 10Ω C. 15Ω D. 5Ω
答案：D

30. 电路的正常状态是（　　）。
A. 开路、断路 B. 开路、短路 C. 断路、短路 D. 开路、断路、短路
答案：A

31. 下列电器中，在电路中起保护作用的是（　　）。
A. 熔断器 B. 接触器 C. 电压互感器 D. 电流互感器
答案：A

32. 在供电为短路接地的电网系统中，人体触及外壳带电设备的一点同人体自身站立地面一点之间的电位差称为（　　）。
A. 单相触电 B. 两相触电 C. 接触电压触电 D. 跨步电压触电
答案：C

33. 下列关于测量直流电压的操作描述正确的是（　　）。
A. 用红表笔接高电位 B. 用黑表笔接正极 C. 可随意接 D. 将表串在电路中
答案：A

34. 电路中任意两点电位的差值称为（　　）。
A. 电动势 B. 电压 C. 电位 D. 电势
答案：B

35. 锯割薄板或管子，可用（　　）锯条。
A. 粗齿 B. 细齿 C. 任意一种 D. 中齿
答案：B

36. 润滑滚动轴承，可以用（　　）。

A. 润滑油　　　　　　B. 机油　　　　　　C. 乳化液　　　　　　D. 水
答案：A

37. 泵轴一般用（　　）材料制成。
A. 低碳钢　　　　　　B. 中碳钢　　　　　　C. 高碳钢　　　　　　D. 铸铁
答案：B

38. 根据结构、作用原理不同，常见的叶片泵分为离心泵、轴流泵和（　　）三类。
A. 螺旋泵　　　　　　B. 混流泵　　　　　　C. 清水泵　　　　　　D. 容积泵
答案：B

39. 8215滚动轴承的内径为（　　）。
A. 15mm　　　　　　B. 30mm　　　　　　C. 75mm　　　　　　D. 150mm
答案：C

40. 锯割软材料（如铜、铝等）大截面时，可采用（　　）齿锯条。
A. 粗齿　　　　　　B. 中齿　　　　　　C. 细齿　　　　　　D. 粗、细齿均可
答案：A

41. M10中的"M"表示（　　）螺纹。
A. 普通　　　　　　B. 梯形　　　　　　C. 锯齿　　　　　　D. 管
答案：A

42. 牛油盘根的基本材料是（　　）。
A. 石棉　　　　　　B. 棉纱　　　　　　C. 尼龙　　　　　　D. 人造棉
答案：B

43. 质量流量计一般用于测量（　　）流量。
A. 液体管道　　　　B. 气体管道　　　　C. 液体渠道　　　　D. 气体风道
答案：B

44. 离心泵的效率是指（　　）的比值。
A. 泵的出口流量与进口流量　　　　　　B. 泵的进口压力与出口压力
C. 泵的轴功率与电机功率　　　　　　　D. 泵的有效功率与轴功率
答案：D

45. 对于液体负载，电动机的转矩与（　　）。
A. 转速成正比　　　B. 转速成反比　　　C. 转速的平方成反比　　　D. 转速的平方成正比
答案：D

46. 水泵的有效功率是指（　　）。
A. 电机的输出功率　　　　　　　　　　B. 电机的输入功率
C. 水泵的输入功率　　　　　　　　　　D. 水泵的输出功率
答案：D

47. 异步电动机正常工作时，电源电压变化对电动机的正常工作（　　）。
A. 没有影响　　　　B. 影响很小　　　　C. 有一定影响　　　　D. 影响很大
答案：D

48. 风机按作用原理分为（　　）。
A. 容积式和透平式　　　　　　　　　　B. 叶轮式和容积式
C. 叶轮式和透平式　　　　　　　　　　D. 叶轮式和往复式
答案：A

49. 填料可对旋转的泵轴和固定的泵体之间的间隙起（　　）。
A. 密封作用　　　　B. 固定作用　　　　C. 润滑作用　　　　D. 冷却作用
答案：A

50. 在设置有厌氧消化的污水处理厂内，在消化污泥脱水之前，有的会设置污泥淘洗池。设置污泥淘洗池的主要目的和作用为（　　）。

A. 消除污泥的臭味　　B. 去除污泥中的砂粒　　C. 降低污泥的含水率　　D. 减少脱水混凝剂的用量
答案：D

51. 下列为可拆卸的连接方式的是（　　）。
A. 螺纹连接　　　　B. 焊接　　　　　　C. 铆接　　　　　　D. 黏接
答案：A

52. 按成分分类，污泥可分为（　　）和无机污泥。
A. 有机污泥　　　　B. 无机污泥　　　　C. 化学污泥　　　　D. 生物污泥
答案：A

53. 按来源分类，污泥可分为初沉污泥、剩余污泥、生污泥、熟污泥和（　　）等。
A. 有机污泥　　　　B. 无机污泥　　　　C. 化学污泥　　　　D. 生物污泥
答案：C

54. 根据污泥不同的处置阶段，将干化阶段的污泥称为（　　）；将焚烧阶段的污泥，称为焚烧污泥。
A. 干化污泥　　　　B. 消化污泥　　　　C. 生污泥　　　　　D. 化学污泥
答案：A

55. 一般来说，化学污泥气味较小，且极易浓缩或（　　）。
A. 焚烧　　　　　　B. 脱水　　　　　　C. 干化　　　　　　D. 消化
答案：B

56. 无机污泥的特点是颗粒较粗，比重较大，（　　）且易于脱水，流动性差。
A. 黏度大　　　　　B. 重金属含量高　　C. 含水率较高　　　D. 含水率较低
答案：D

57. 初沉污泥的含固量一般为（　　），具体取决于初沉池的排泥操作。
A. 0.5%～2%　　　　B. 1%～2%　　　　 C. 1%～3%　　　　 D. 2%～4%
答案：D

58. 活性污泥的外观为（　　）絮体。
A. 棕褐色　　　　　B. 灰色　　　　　　C. 黄褐色　　　　　D. 黑色
答案：C

59. 剩余污泥的含固量一般为（　　），具体取决于所采用的污水处理生化工艺。
A. 0.1%～0.5%　　　B. 0.3%～0.8%　　　C. 0.5%～0.8%　　　D. 1%～1.5%
答案：C

60. 活性污泥的pH为（　　），具体取决于污水处理系统的工艺及控制状态。
A. 5.5～6.5　　　　 B. 6.5～7.5　　　　 C. 6.5～8.5　　　　 D. 7.5～8.5
答案：B

61. 实际生产中，常常用一些指标来衡量污泥的性质，主要有含水率、有机份、（　　）等。
A. pH　　　　　　　B. 重金属含量　　　C. 热值　　　　　　D. 细菌数量
答案：A

62. 污泥中所含（　　）与污泥总质量之比的百分数称为污泥含水率。
A. 干物质的质量　　B. 水分的质量　　　C. 重金属的质量　　D. 有机物的质量
答案：B

63. 污泥的（　　）是当前污泥处理处置工作的最终目标和要求。
A. 安全处置　　　　B. 资源化利用　　　C. 减量化　　　　　D. 无害化
答案：A

64. 对于土地资源相对丰富，制水泥、制砖等行业较发达的地区，污泥宜以（　　）和建筑材料利用为主、填埋为辅进行处置。
A. 干化　　　　　　B. 土地利用　　　　C. 焚烧　　　　　　D. 堆肥
答案：B

65. 对于人口密度低、土地资源丰富的地区，污泥宜以（　　）为主进行处置。

A. 干化   B. 土地利用   C. 焚烧   D. 填埋
答案：B

66. 对于城市中心区人口密集、土地资源紧张、经济相对发达的地区，污泥经干化+焚烧处理后，可对焚烧灰渣进行( )或者建筑材料利用。
A. 堆肥   B. 土地利用   C. 营养物质回收利用   D. 填埋
答案：D

67. 污泥处置技术应以节能、低碳、循环为评价标准；污泥处理应以减量化、稳定化和无害化为目标，以( )为重点。
A. 减量化   B. 稳定化   C. 无害化   D. 资源化
答案：B

68. 筛分、洗砂、均质、浓缩均可划分为污泥的预处理工序，这些工序的主要作用是( )。
A. 减少后继设备磨损
B. 提高现况污泥处理设备设施的效率
C. 提高污泥中有机物的降解效率
D. 以上全都是
答案：D

69. 污泥筛分的主要作用是去除污泥中的( )。
A. 有机物   B. 砂子   C. 浮渣   D. 污水
答案：C

70. 污泥中的砂粒如果得不到有效去除，将会( )。
A. 堵塞污泥管线
B. 磨损污泥泵的定子、转子或叶轮
C. 减少消化池有效容积
D. 以上全都是
答案：D

71. 浓缩一般分为重力浓缩、( )、离心浓缩等。
A. 气浮浓缩   B. 转鼓浓缩   C. 带式浓缩   D. 以上全都是
答案：D

72. 重力浓缩的构筑物称为( )。
A. 沉淀池   B. 浓缩池   C. 气浮池   D. 压缩池
答案：B

73. 采用大量的微小气泡附着在污泥颗粒的表面，从而使污泥颗粒的相对密度降低而使污泥上浮，实现泥水分离的浓缩方法称为( )。
A. 重力浓缩   B. 机械浓缩   C. 气浮浓缩   D. 离心浓缩
答案：C

74. 下列关于污水处理厂有机污泥的描述错误的是( )。
A. 易于腐化发臭   B. 含水率高且易于脱水   C. 颗粒较细   D. 相对密度较小
答案：B

75. 污泥调理的目的是( )。
A. 使污泥中的有机物质稳定化
B. 改善污泥的脱水性能
C. 减小污泥的体积
D. 从污泥中回收有用物质
答案：B

76. 污泥在机械脱水前，一般应进行预处理，也称污泥调质。污泥调质的方法分为物理调质法和化学调质法。下列属于物理调质法的是( )。
A. 淘洗法   B. 冷冻法   C. 热调质法   D. 以上全都是
答案：D

77. 下列属于污泥的热处理的阶段为( )。
A. 污泥絮体结构的解体
B. 污泥细胞的破碎和有机物的释放
C. 有机物的水解和有机物发生美拉德反应
D. 以上全都是
答案：D

78. 热水解系统主要由闪蒸罐、浆化罐、污泥料仓、反应罐组成,按照处理工序来说,污泥物料经历的设备依次是( )。
A. 污泥料仓、浆化罐、反应罐、闪蒸罐 B. 污泥料仓、反应罐、浆化罐、闪蒸罐
C. 污泥料仓、浆化罐、闪蒸罐、反应罐 D. 污泥料仓、闪蒸罐、浆化罐、反应罐
答案:A

79. 反应罐采用( )的处理方式,一般由2~6个罐组成,以达到连续运行的效果。
A. 依次运行   B. 序批式   C. 编号顺序   D. 同时运行
答案:B

80. 消化池中污泥的搅拌方式可采用( )。
A. 沼气搅拌   B. 泵搅拌   C. 机械搅拌和联合搅拌   D. 以上全都是
答案:D

81. 下列关于储气柜的描述,正确的是( )。
A. 按储气压力分类,储气柜分为低压储气柜和中压储气柜
B. 按存储介质分类,储气柜分为干式储气柜和湿式储气柜
C. 干式储气柜主要由底膜、内膜和外膜组成;湿式储气柜分为湿式螺旋储气柜和湿式直升储气柜两种
D. 以上全都对
答案:D

82. 浓缩池进泥量太大,超过了浓缩能力,会导致上清液浓度( ),浓缩效果比较差。
A. 太高   B. 太低   C. 太多   D. 太少
答案:A

83. ( )的浓缩效果较好,其固体表面负荷一般可控制在90~150kg/(m²·d)。
A. 剩余污泥   B. 初沉污泥   C. 浓缩污泥   D. 消化污泥
答案:B

84. ( )的浓缩性很差,一般不宜单独进行重力浓缩。如果进行重力浓缩,则应控制在低负荷水平,一般将负荷控制在10~30kg/(m²·d)。
A. 剩余污泥   B. 初沉污泥   C. 浓缩污泥   D. 消化污泥
答案:A

85. 浓缩池的水力停留时间一般控制为12~30h。温度较低时,水力停留时间可以稍微长一些;温度较高时,不应使停留时间太长,以防止( )。
A. 污泥松散   B. 污泥酸化   C. 处理能力变低   D. 污泥上浮
答案:D

86. 浓缩比是浓缩池排泥浓度与进泥浓度的比值。一般浓缩比宜大于( )。
A. 2   B. 5   C. 7   D. 10
答案:A

87. 气浮浓缩是指利用微小气泡能附着于污泥固体表面的特性,让污泥固体的相对密度达到( )的情况下,将固体携带到液面上,形成浮渣层,然后用刮泥机刮除浮渣层的方法。
A. 大于1   B. 小于1   C. 等于1   D. 较小
答案:B

88. 浓缩工艺中,除( )外,一般都采用絮凝剂进行污泥调质,以提升浓缩效果。
A. 重力浓缩   B. 机械浓缩   C. 离心浓缩   D. 转鼓浓缩
答案:A

89. 聚丙烯酰胺(polyacrylamide),常简写为( )。实质上它是用一定比例的丙烯酰胺和丙烯酸钠经过共聚反应生成的高分子产物,有一系列的产品。
A. PAC   B. PAM   C. CST   D. APM
答案:B

90. 污泥经浓缩之后,其含水率仍为( ),呈流动状态,体积很大。

A. 90%～92%　　　　B. 94%～95%　　　　C. 96%～97%　　　　D. 98%～99%
答案：C

91. 城市污水处理系统产生的污泥尤其是活性污泥(　　)比较差，不进行调质直接脱水，要消耗大量的脱水设备，不经济。
A. 离心性能　　　　B. 沉淀性能　　　　C. 脱水性能　　　　D. 消化性能
答案：C

92. 毛细吸水时间，是指污泥中的毛细水在滤纸上渗透(　　)距离所需要的时间，常用 CST 表示。
A. 10cm　　　　　　B. 5cm　　　　　　C. 1cm　　　　　　D. 0.5cm
答案：C

93. (　　)效果不佳直接影响了网带的渗水效果，从而影响了泥饼的含水率，严重时会发生严重的跑泥和挤泥现象。
A. 张紧　　　　　　B. 冲洗　　　　　　C. 带速　　　　　　D. 刮泥
答案：B

94. 离心脱水机的(　　)直接决定了污泥在离心机内部受到的离心力的大小，也决定了污泥的沉降速度和处理量。
A. 转鼓转速　　　　B. 差速　　　　　　C. 液压站压力　　　D. 堰板高度
答案：A

95. 离心脱水机的螺旋输送器是通过螺旋的(　　)作用，将转鼓分离沉降好的泥饼连续不断地推向离心脱水机排渣口，使之排出离心脱水机。
A. 离心　　　　　　B. 差速　　　　　　C. 压榨　　　　　　D. 脱水
答案：B

96. 污泥堆肥稳定熟化期宜为(　　)。
A. 10～20d　　　　　B. 20～30d　　　　　C. 30～60d　　　　　D. 60～100d
答案：C

97. 套管式换热器由两根同心管组成，一条管中的流体为冷流体，另一条管中的流体为热流体，两层流体(　　)流动，(　　)堵塞。
A. 逆向，易　　　　B. 逆向，不易　　　　C. 顺向，易　　　　D. 无规则，不易
答案：A

98. 城市污水处理厂污泥中温消化的投配率以(　　)为宜。
A. 3%～4%　　　　　B. 5%～8%　　　　　C. 10%～15%　　　　D. 15%～20%
答案：B

99. 污泥中的挥发性有机物主要是脂肪、蛋白质和(　　)。
A. 氨基酸　　　　　B. 多糖　　　　　　C. 纤维素　　　　　D. 碳水化合物
答案：D

100. 消化池集气罩可采用固定或浮动的方式。一般与集气罩连接的沼气管上设有(　　)。
A. 阻火器　　　　　B. 流量计　　　　　C. 压力表　　　　　D. 温度计
答案：A

101. 下列不属于污泥厌氧消化的是(　　)。
A. 高温消化　　　　B. 中温消化　　　　C. 两相消化　　　　D. 延时曝气
答案：D

102. 经(　　)处理工序后，污泥中的有机份会发生明显变化。
A. 污泥浓缩　　　　B. 污泥脱水　　　　C. 污泥厌氧消化　　D. 污泥流化床干化
答案：C

103. 在污泥脱水时，投加 PAM 的作用是(　　)。
A. 调节 pH　　　　　B. 降低污泥含水率　　C. 减轻臭味　　　　D. 中和电荷、吸附架桥
答案：D

104. 下列选项中不属于离心泵的基本性能参数的是( )。
A. 流量 B. 效率 C. 出口管径 D. 功率
答案：C

105. 下列各类微生物中，( )与水处理关系最为密切。
A. 原生动物 B. 后生动物 C. 细菌 D. 真菌
答案：C

二、多选题

1. 为了检测承压类特种设备构件内部的缺陷，通常采用无损探伤法。FN检测方法中，属于无损探伤的有( )。
A. 射线检测 B. 渗透检测 C. 爆破试验
D. 涡流检测 E. 耐压试验
答案：ABD

2. 经处理后的污水的最后出路有( )。
A. 排放入水体 B. 农田灌溉 C. 重复利用 D. 直接复用
答案：ABD

3. 按照来源不同，污水可以分为( )。
A. 生活污水 B. 工业废水 C. 降水 D. 中水
答案：AB

4. 排水系统的体制(简称排水体制)可分为( )。
A. 合流制 B. 分流制 C. 直流制 D. 辐流制
答案：AB

5. 断路器的操作机构由( )等部分组成。
A. 合闸机构 B. 泄闸结构 C. 分闸机构 D. 维持合闸机构
答案：ACD

6. 变压器的基本结构由( )组成。
A. 铁芯 B. 初级绕组 C. 次级绕组 D. 箱体
答案：ABCD

7. 三相五线制中有( )。
A. 三根相线 B. 一根工作零线 C. 一根保护零线 D. 一根火线
答案：ABC

8. 电路由( )等部分组成。
A. 电源 B. 负载 C. 开关 D. 连接导线
答案：ABCD

9. 在接零保护中，对接零装置的要求有( )。
A. 导电的连续性 B. 连接的可靠性
C. 足够的机械强度 D. 具有防腐性
答案：ABCD

10. 造成触电事故的原因有( )，等等。
A. 电气设备或电气线路安装不符合要求
B. 电气设备运行管理不当使绝缘损坏而漏电
C. 制度不完善或违章作业、非电工擅自处理电气事务
D. 接线错误
E. 使用有缺陷的电气设备
答案：ABCDE

11. 在三视图中，与宽度有关的视图是( )。
A. 左视图 B. 右视图 C. 俯视图 D. 仰视图

答案：AC

12. 在三视图中，能够反映物体前后位置关系的视图为(　　)。
 A. 主视图　　　　B. 俯视图　　　　C. 左视图　　　　D. 在三个视图中都有可能
 答案：BC

13. 零件之间常见的连接方式有(　　)。
 A. 胶接　　　　B. 焊接　　　　C. 铆接　　　　D. 螺纹连接
 E. 搭接
 答案：ABCD

14. 常见的机械传动方式有(　　)。
 A. 齿轮传动　　　　B. 链传动　　　　C. 连杆传动
 D. 螺杆传动　　　　E. 带传动
 答案：ABCDE

15. 下列属于污水处理过程中常用的流量计的有(　　)。
 A. 差压式流量计　　B. 电磁流量计　　C. 超声波流量计　　D. 涡街流量计
 答案：ABCD

16. 下列属于在线电阻式温度计的有(　　)。
 A. 铂电阻式温度计　　　　　　B. 铜电阻式温度计
 C. 镍电阻式温度计　　　　　　D. 红外式温度计
 答案：ABC

17. 下列测量方式属于液位计的测量方式的有(　　)。
 A. 音叉振动式　　B. 磁浮式　　　　C. 压力式
 D. 超声波式　　　E. 声呐波式　　　F. 雷达式
 答案：ABCDEF

18. 投入式液位计的优点有(　　)。
 A. 为固态结构，无可动部件　　　B. 可靠性高，使用寿命长
 C. 安装方便　　　　　　　　　　D. 结构简单，经济耐用
 答案：ABCD

19. 流量计按介质分类，可以分为(　　)。
 A. 液体流量计　　B. 气体流量计　　C. 电磁流量计　　D. 质量流量计
 答案：AB

20. 最常用的温标有(　　)。
 A. 摄氏温度　　　B. 华氏温度　　　C. 绝对温度　　　D. 相对温度
 答案：ABC

21. 下列关于轴流泵描述正确的是(　　)。
 A. 轴流泵流量大、扬程低　　　　　　　B. 轴流泵的安装方式有立式、卧式两种
 C. 轴流泵中的水导轴承只承受径向力，不承受轴向力　　D. 轴流泵可以改变叶片安装角度和转速
 E. 轴流泵属于叶片泵
 答案：ABDE

22. 下列属于阀门类的有(　　)。
 A. 止回阀　　　　B. 蝶阀　　　　　C. 安全阀　　　　D. 球阀
 答案：ABCD

23. 污水处理自控系统通常具备的功能有(　　)、控制操作、显示功能、数据管理。
 A. 识别功能　　　B. 报警功能　　　C. 调控功能　　　D. 打印功能
 答案：BD

24. 螺旋泵由(　　)、导槽、挡板和移动机构组成。
 A. 泵轴　　　　　B. 螺旋叶片　　　C. 上轴承座　　　D. 下轴承座

答案：ABCD

25. 润滑的作用是（　　）。
A. 控制摩擦，降低摩擦因数，防止表面锈蚀　　　B. 减少或防止磨损
C. 降温冷却　　　D. 密封、减震
答案：ABCD

26. 压滤机的类型主要有（　　）。
A. 离心式　　　B. 板框式　　　C. 厢式　　　D. 带式
答案：BCD

27. 轴流泵按泵轴的工作位置可以分为（　　）轴流泵。
A. 立轴式　　　B. 横轴式　　　C. 斜轴式　　　D. 曲轴式
答案：BC

28. 污泥机械脱水设备主要有（　　）。
A. 带式压滤机　　　B. 板框压滤机　　　C. 离心机　　　D. 叠螺机
答案：ABCD

29. 水泵的主要性能参数有（　　）。
A. 流量　　　B. 正反转　　　C. 气蚀余量
D. 密封形式　　　E. 扬程　　　F. 转速
答案：ACEF

30. 阀门的主要性能参数有（　　）。
A. 公称压力　　　B. 公称通径　　　C. 工作压力　　　D. 工作温度
答案：ABCD

31. 管道的连接方法一般有（　　）。
A. 法兰盘连接　　　B. 螺纹连接　　　C. 承插管连接　　　D. 套管连接
答案：ABCD

32. 污泥处理处置应遵循（　　）原则。
A. 减量化　　　B. 稳定化　　　C. 无害化　　　D. 资源化
答案：ABCD

33. 实际生产中，常常用（　　）指标来衡量污泥的性质。
A. 含水率　　　B. 有机份　　　C. pH　　　D. 挥发性脂肪酸
答案：ABC

34. 无机污泥的特点是（　　）、比重较大、（　　）且易于脱水、流动性差。
A. 颗粒较粗　　　B. 颗粒较细　　　C. 含水率高　　　D. 含水率低
答案：AD

35. 下列关于剩余污泥性质的描述正确的是（　　）。
A. 剩余污泥来自生物膜法或活性污泥法的二次沉淀池
B. 剩余污泥的有机份一般为70%～85%
C. 剩余污泥的pH一般5.5～7.5，典型值为6.5左右，略显酸性
D. 剩余污泥的含固量一般为0.5%～0.8%，具体取决于所采用的污水处理生化工艺
答案：ABD

36. 初沉污泥泥量的决定因素有（　　）。
A. 进水水质　　　B. 初沉池运行情况　　　C. 初沉池泥位　　　D. 季节变化
答案：AB

37. 各地区应根据泥质特性、（　　）等因素，合理确定污泥处置方式。
A. 地理位置　　　B. 环境条件　　　C. 经济社会发展水平　　　D. 人员管理水平
答案：ABCD

38. 下列污泥处理处置方法中需要借助取样化验掌握处理效果的是（　　）。

A. 焚烧　　　　　　　B. 浓缩　　　　　　　C. 筛分　　　　　　　D. 消化
答案：BCD

39. 下列关于污泥的描述正确的是(　　)。
A. 按成分分类，污泥可分为有机污泥和无机污泥
B. 按来源分类，污泥可分为初沉污泥、剩余污泥、生污泥、熟污泥和化学污泥等
C. 污泥中有大量的有毒有害物质
D. 初沉污泥含固量一般为2%~4%，常为3%左右，具体取决于初沉池的排泥操作
答案：ABCD

40. 下列关于污泥性质的描述正确的是(　　)。
A. 污泥的含水率一般都很高，达97%以上
B. 污水经二级处理以后，约有50%以上的重金属转移到了污泥中
C. 污泥中含有极少量的N、P、K、Ca和有机质，故不适合做肥料
D. 污泥中含有大量病原菌、寄生虫、致病微生物，如不对其进行处理，将对生态环境和人类健康造成危害
答案：ABD

41. 下列关于初沉污泥性质的描述错误的是(　　)。
A. 初沉污泥来自初次沉淀池，其性质随着进水的成分而变化
B. 初沉污泥的有机份一般为70%~85%
C. 初沉污泥的pH一般为5.5~7.5，典型值为6.5左右，略显酸性
D. 初沉污泥的含固量一般为0.5%~0.8%，具体取决于所采用的污水处理生化工艺
答案：BD

42. 微生物的特点是(　　)。
A. 种类繁多　　　　　B. 分布广　　　　　　C. 繁殖快　　　　　　D. 容易变异
答案：ABCD

43. 污泥中含有大量水分。占污泥水分的70%，由浓缩和脱水工艺可以去除的是(　　)。
A. 毛细水　　　　　　B. 内部水　　　　　　C. 空隙水　　　　　　D. 吸附水
答案：AC

44. 污泥处置的预处理的基本过程有(　　)。
A. 浓缩　　　　　　　B. 脱水　　　　　　　C. 干化　　　　　　　D. 贮存
答案：ABC

45. 城镇污水处理厂污泥处理宜选用的基本组合工艺有(　　)。
A. 浓缩—脱水—处置
B. 浓缩—消化—脱水—处置
C. 浓缩—脱水—堆肥/干化/石灰稳定—处置
D. 浓缩—脱水—堆肥/干化/石灰稳定—焚烧—处置
答案：ABCD

46. 污泥浓缩的方法有(　　)。
A. 重力浓缩　　　　　B. 气浮浓缩　　　　　C. 机械浓缩　　　　　D. 以上全不是
答案：ABC

47. 降低污泥含水率的方法有(　　)。
A. 自然干化　　　　　B. 热干化　　　　　　C. 机械脱水　　　　　D. 污泥消化
答案：ABC

48. 污泥厌氧消化按温度控制可分为(　　)。
A. 低温消化　　　　　B. 中温消化　　　　　C. 常温消化　　　　　D. 高温消化
答案：BD

49. 消化搅拌的目的有(　　)。
A. 使污泥颗粒与厌氧微生物均匀混合　　　　　B. 使污泥浓度、pH、微生物种群保持均匀

C. 保持消化池内温度均匀　　　　　　　　　　D. 降低有机负荷冲击和有毒物质危害
E. 防止泥沙沉积和浮渣形成
答案：ABCDE

50. 重力浓缩池按照池形可分为(　　)。
A. 矩形池　　　　　B. 圆形池　　　　　C. 椭圆形池　　　　　D. 竖向池
答案：AB

51. 无机絮凝剂价格便宜，但用量较多，主要有(　　)。
A. PAM　　　　　B. PAC　　　　　C. 铝盐　　　　　D. 铁盐
答案：CD

52. 在国内水处理中，使用最广泛的絮凝剂是合成的聚丙烯酰胺系列产品，主要分为(　　)。
A. 阴离子型　　　　　B. 阳离子型　　　　　C. 非离子型　　　　　D. 两性离子型
答案：ABCD

53. 下列关于污泥浓缩的说法正确的是(　　)。
A. 在大型污水处理厂中，一般对初沉污泥采用重力浓缩，对二沉池活性污泥采用加压气浮浓缩
B. 在大型污水处理厂中，一般对二沉池活性污泥采用重力浓缩，对初沉污泥采用加压气浮浓缩
C. 重力浓缩后，污泥的含固量能达到5%以上
D. 离心浓缩后，污泥的含固量能达到20%以上
答案：AC

54. 污泥中含有大量水分。占污泥水分的70%，需用人工干化、热处理或机械脱水法去除的水分是(　　)。
A. 毛细水　　　　　B. 内部水　　　　　C. 空隙水　　　　　D. 吸附水
答案：BD

三、简答题

1. 简述污泥浓缩的主要的目。
答：通过浓缩降低污泥的含水率和减少污泥的体积，便于污泥输送和后继处理，能够减少污泥处理的费用。

2. 简述污泥脱水的主要目的。
答：通过进一步降低污泥的含水率，减少污泥的体积；进一步通过改变污泥的流态，为污泥后继处置利用创造条件。

3. 简述污泥消化的主要目的。
答：分解污泥中的有机份，得到沼气等可利用资源。

4. 简述污泥的分类。
答：按成分分类，污泥可分为有机污泥和无机污泥。按来源分类，污泥可分为初沉污泥、剩余污泥、生污泥、熟污泥和化学污泥等。

5. 简述有机污泥的特点。
答：有机污泥的特点是容易腐化发臭，颗粒较细，比重较小，含水率高且不易脱水，呈胶体状态。

6. 简述在实际生产中，常用来衡量污泥性质的指标。
答：实际生产中，常用来衡量污泥性质的指标有含水率、有机份、pH等。

7. 简述污泥处置技术的选用原则。
答：污泥处置技术应以节能、低碳、循环为评价标准，污泥处理应以减量化、稳定化和无害化为目标，以稳定化为重点。处置技术的具体选用原则为：坚持处置方式决定处理工艺；强化污泥减量化措施；坚持设施合理布局、统筹兼顾。

8. 简述典型的污泥处理流程。
答：污泥浓缩—污泥消化—污泥脱水—污泥处置。

9. 简述污泥消化池的运行管理指标。
答：(1)消化气产气量；(2)消化污泥中的有机物含量；(3)挥发性酸的浓度；(4)pH；(5)碱度。

10. 简述判别电动机温度高低的最简单的方法和注意事项。

答：(1) 方法：用手背试摸机壳和轴承端盖处的温度，进行比较。

(2) 注意事项：用手摸机壳前，先用试电笔检查电机外壳是否带电，以避免发生触电事故。用手摸电机时，不能用手掌，而要用手背去摸，万一电机壳带电，手应立即缩回，脱离电源。

四、计算题

1. 消化池的日进泥量为 200m³，进泥含水率为 97%，日产气量为 1500m³，求单吨干固产气率。

解：每日进泥干固量 $M = 200 \times (1 - 97\%) = 6t$

产气率 $= 1500/6 = 250 m^3/t$

2. 某处理厂消化池的有效容积为 4710m³，采用机械搅拌，运行时发现最佳搅拌强度为 10W/m³，求该消化池所需要的搅拌功率。

解：搅拌功率 $P = 4710 \times 10 = 47.1 kW$

3. 某污水处理厂每日产生的新鲜污泥量为 64.8m³，计划污泥投配率为 5%，求消化池的有效容积。

解：消化池有效容积 $V = 64.8/5\% = 1296 m^3$

4. 某厂消化池采用中温厌氧消化，该消化池规定消化时间为 20d，消化池单池容积为 10000m³，求该消化池每天最大的进泥量。

解：消化池最大进泥量 $Q = 10000/20 = 500 m^3/d$

5. 某污水处理厂每天产生 10000m³ 含水率为 98.5% 的污泥，要求脱水后的污泥含水率为 80%，求脱水后的污泥体积。

解：由公式 $V_2/V_1 = (1 - P_1)/(1 - P_2)$，得出：

脱水后的污泥体积 $= 10000 \times [(1 - 98.5\%)/(1 - 80\%)] = 750 m^3$

6. 某污水处理厂消化池进泥量为 400m³/d，消化池有效体积为 8000m³。求该消化池理论水力停留时间和污泥投配率。

解：消化池水力停留时间 $t = V/Q = 8000/400 = 20d$

污泥投配率 $= (1/20) \times 100\% = 5\%$

7. 某污水处理厂每天产生含水率为 98% 的混合物污泥 12000m³，该厂有 12 座直径为 20m、有效水深为 5m 的圆形重力浓缩池，求该厂浓缩池的固体表面负荷。

解：12 座浓缩池平均每座的进泥量 $Q = 12000/12 = 1000 m^3/d$

进泥干固量 $= 1000 \times (1 - 98\%) = 20 t/d$

浓缩池的面积 $A = 3.14 \times (20/2)^2 = 314 m^2$

由固体表面负荷计算公式 $q_s = Q/A$，得出该厂浓缩池的固体表面负荷 $q_s = 20 \times 1000/314 \approx 63.7 kg/(m^2 \cdot d)$

8. 某污水处理厂利用带式脱水机进行污泥脱水，已知进泥量为 20m³/h，含水率为 97%，絮凝剂浓度为 2%，药泵加药流量为 1000L/h，求投药比。

解：进泥含固量 $= 1 - 97\% = 3\%$

进泥干固量 $= 20 \times 3\% = 0.6 t/h$

每小时絮凝剂的投配质量 $M = 1000 \times 2\% = 20 kg/h$，投药比 $= (2/0.6) \times 100\% \approx 3.33\%$

9. 某污水处理厂剩余污泥含水率为 99.5%，经过浓缩脱水后，污泥含水率为 85%，求其体积缩小为原体积的多少。

解：已知 $P_1 = 99.5\%$，$P_2 = 85\%$，由公式 $V_2/V_1 = (1 - P_1)/(1 - P_2)$，得出：$V_2/V_1 = (1 - 99.5\%)/(1 - 85\%) = 1/30$，即缩小为原体积的 1/30

10. 污泥脱水前含水率为 98%，污泥总量为 100t，经过带式压滤机压滤后，含水率降到 78%，求脱水后的泥饼总量。（不考虑压滤液的污泥损失，结果保留至小数点后 2 位。）

解：泥饼质量记为 M，根据溶质相等原理：$(1 - 98\%) \times 100 = M \times (1 - 78\%)$，得：

泥饼质量 $M \approx 9.09t$

第三节　操作知识

一、单选题

1. 用(　　)可以更好地观察细菌。
   A. 比色法　　　　　　B. 染色法　　　　　　C. 分光光度法　　　　D. 色谱法
   答案：B

2. 在培养活性污泥的初期，对污泥进行镜检会发现大量的(　　)。
   A. 变形虫　　　　　　B. 草履虫　　　　　　C. 鞭毛虫　　　　　　D. 线虫
   答案：A

3. 污水处理中，活性污泥镜检时的指示性生物是(　　)。
   A. 细菌　　　　　　　B. 原生动物　　　　　C. 后生动物　　　　　D. 藻类
   答案：B

4. 通常在废水处理系统运转正常、有机负荷较低、出水水质良好时，才会出现的生物是(　　)。
   A. 纤毛虫　　　　　　B. 瓢体虫　　　　　　C. 线虫　　　　　　　D. 轮虫
   答案：D

5. 镜检是通过观察指示性微生物的状态来确定细菌和菌胶团活性的检测方法，最常见的指示性微生物包括(　　)等。
   A. 钟虫、轮虫、楯纤虫　　　　　　　　　　B. 钟虫、草履虫、楯纤虫
   C. 蚜虫、轮虫、楯纤虫　　　　　　　　　　D. 钟虫、丝状菌、楯纤虫
   答案：A

6. 线路停电时，必须按照(　　)的顺序操作，送电时相反。
   A. 断路器、负荷侧隔离开关、母线侧隔离开关　　B. 断路器、母线侧隔离开关、负荷侧隔离开关
   C. 负荷侧隔离开关、母线侧隔离开关、断路器　　D. 母线侧隔离开关、负荷侧隔离开关、断路器
   答案：A

7. 不应用(　　)拉合负荷电流和接地故障电流。
   A. 变压器　　　　　　B. 断路器　　　　　　C. 隔离开关　　　　　D. 电抗器
   答案：C

8. 比较校准，是将被校准温度计通过温度均匀稳定的(　　)与已经校准过的温度计进行比较。
   A. 电压式温度计　　　B. 电流式温度计　　　C. 电阻式温度计　　　D. 电感式温度计
   答案：C

9. 污泥格栅的冲洗水量增加会降低格栅堵塞的风险，但也会导致污泥(　　)。
   A. 有机份降低　　　　B. 含水率增加　　　　C. 黏度增高　　　　　D. 流动性降低
   答案：B

10. 泥水换热器中的水选择(　　)较好。
    A. 二沉水　　　　　　B. 自来水　　　　　　C. 高品质再生水　　　D. 软化水
    答案：D

11. 紧沉孔内的外六角螺栓要用(　　)进行操作。
    A. 套筒扳手　　　　　B. 内六扳手　　　　　C. 活动扳手　　　　　D. 眼镜扳手
    答案：A

12. 下列测量压力的仪表中，(　　)在测压时不受重力加速度的影响。
    A. 单管压力计　　　　B. 浮力式压力计　　　C. 环称式压力计　　　D. 弹簧管压力计
    答案：D

13. 下列不属于仪表日常维护、保养和检修内容的是(　　)。
    A. 巡视检查　　　　　B. 清洗和清扫　　　　C. 校验和标定　　　　D. 仪表移位

答案：D

14. 一般在污泥处理工艺中使用的在线电阻式温度计是（   ）。
A. 铂电阻式温度计   B. 铜电阻式温度计   C. 镍电阻式温度计   D. 红外式温度计
答案：A

15. 压力变送器常用的校准方式是（   ）。
A. 定点校准   B. 比较校准   C. 不用校准   D. 在线校准
答案：B

16. 电磁流量计一般用于测量（   ）流量，是应用电磁感应原理制成的。
A. 液体管道   B. 气体管道   C. 液体渠道   D. 气体风道
答案：A

17. 板框机进泥阶段采取两段进泥方式，先低压进泥，后（   ）。
A. 恒压进泥   B. 高压进泥   C. 低压压榨   D. 高压压榨
答案：B

18. 板框进泥完成之后，进入反吹阶段，此时反吹压缩机开启，将留在（   ）附近的泥进行反吹。
A. 压榨口   B. 滤液口   C. 出料口   D. 进料口
答案：D

19. 重力浓缩池散发恶臭，污泥上浮，作为运行人员，下列判断正确的是（   ）。
A. 浓缩池排泥速率过低   B. 浓缩池排泥速率过高
C. 浓缩池进泥量过低   D. 浓缩池排泥量过高
答案：A

20. 下列关于重力浓缩池浓缩效果不佳的原因描述不正确的是（   ）。
A. 上清液溢流率过低   B. 浓缩池中出现短流
C. 浓缩污泥排泥速率过大   D. 浓缩污泥进泥为初沉污泥
答案：A

21. 下列关于转鼓浓缩后污泥絮体不成形的原因说法不正确的是（   ）。
A. 絮凝剂投加量不足   B. 絮凝剂的反应时间不合理
C. 絮凝剂的种类不合理   D. 浓缩机进泥为初沉污泥
答案：D

22. 下列关于转鼓浓缩机出现跑泥现象的分析不正确的是（   ）。
A. 絮凝剂投加量不合适，须尽快调整   B. 转鼓出现堵塞
C. 处理泥量须增加   D. 冲洗时间须增加
答案：C

23. 下列情形不是导致重力带式浓缩机浓度效果不佳的原因是（   ）。
A. 污泥负荷较低   B. 絮凝剂种类不合适   C. 絮凝剂用量不足   D. 絮凝剂用量过量
答案：A

24. 下列设备无须在进口处安装阻火器的是（   ）。
A. 沼气压缩机   B. 沼气发电机   C. 沼气锅炉   D. 板框脱水机
答案：D

25. 下列不适合用做沼气利用系统安全阻火的装置是（   ）。
A. 真空阀   B. 水封罐   C. 阻火器   D. 砾石过滤器
答案：A

26. 消化池有机负荷过高会导致消化池产气量下降。下列关于导致消化池负荷高的原因描述不准确的是（   ）。
A. 消化池进泥量较多   B. 消化池搅拌不充分
C. 消化池排泥量较多   D. 消化池未排浮渣
答案：D

27. 板框式压滤机的操作是( )。
A. 连续的 B. 间歇的 C. 稳定的 D. 静止的
答案：B

28. 质量流量计对于安装位置有一定要求，一般安装于( )位置。
A. 管道直管段、无变径位置 B. 管道弯管段、无变径位置
C. 管道弯管段、有变径位置 D. 管道直管段、有变径位置
答案：A

29. 污水管道出现泄漏时，下列处理方法不正确的是( )。
A. 确认泄漏的位置及泄漏量 B. 更改流程或停运相关的运行泵
C. 采用有效的方法恢复管道的密封性能 D. 使泄漏的污水直接排入环境水体
答案：D

30. 泥饼的干度和分离液的清澈度是互相矛盾的。调试离心机的目的就是找出兼顾两者平衡点的( )。
A. 转鼓转速 B. 差速 C. 液压站压力 D. 堰板高度
答案：B

31. 运行值班表单包括运行记录和( )两大类。
A. 任务单 B. 巡视检查记录 C. 操作单 D. 交接班记录
答案：D

32. 运行记录应包含值班日期、星期、天气和值班人员、设备设施运行参数记录，以及( )。
A. 巡视记录 B. 值班期间对设备的运行调整记录
C. 交接班记录 D. 维保记录
答案：B

33. 运行值班记录表应每日由( )记录，并签字确定。
A. 当班人员 B. 运行班长 C. 技术员 D. 厂长
答案：A

34. 下列属于污泥处理设施运行记录的有( )。
A. 生物池运行记录 B. 滤池运行记录 C. 气柜运行记录 D. 脱水机运行记录
答案：C

35. 污泥处理处置区域的运行记录应包括污泥筛分、洗砂、均质、浓缩、( )等处理工序。
A. 调理 B. 除渣 C. 除砂 D. 脱水
答案：D

36. 制造费用核算的内容不包含( )。
A. 日常修理费 B. 大修理费 C. 物料消耗费 D. 材料费
答案：D

37. 下列属于污泥处理成本中的维修费的是( )。
A. 电费 B. 离心机大修费 C. 絮凝剂药费 D. 渣砂清运费
答案：B

38. 运行记录可细分为设备运行记录和( )运行记录，或者两者可以合并成一个表单。
A. 仪表 B. 设施 C. 脱水机 D. 管线
答案：B

39. 统计报表一般包括综合类、设备类、( )、材料类等。
A. 办公类 B. 设施类 C. 故障类 D. 动力类
答案：B

40. 生产成本的核算应以( )为单位进行核算。
A. 年度 B. 季度 C. 月度 D. 每半月
答案：C

二、多选题

1. 针对带式压滤脱水机的维护与保养，下列描述正确的是（ ）。
   A. 每天检查活塞杆运行情况 B. 每天检查滤带缝线是否完好
   C. 每半年检查液压装置及驱动装置的油位 D. 每天检查轴承涂油或中央上油装置的功能
   答案：AB

2. 针对转鼓浓缩机的维护与保养，下列描述正确的是（ ）。
   A. 每周检查絮凝反应罐的探头是否粘泥 B. 每周检查出泥斗的探头是否粘泥
   C. 每月检查网筛清洗刷的磨损情况 D. 每半年检查链条、链轮的磨损情况
   答案：CD

3. 一般污泥处理工艺中，调控与控制的主要参数为温度、压力、液位、流量等，常用仪表有（ ）等。
   A. 在线温度计 B. 在线压力表 C. 在线液位计 D. 在线流量计
   答案：ABCD

4. 运行值班表单包括（ ）。
   A. 运行记录 B. 巡视检查记录 C. 操作单 D. 交接班记录
   答案：AD

5. 在运行记录中应做好处理泥量、沼气产生量、沼气利用量、发电量等的记录，并做好（ ）、脱水及消毒药剂、除磷药剂、中和药剂、油品等消耗的记录。
   A. 天然气 B. 电 C. 自来水 D. 设备运行台时
   答案：ABC

6. 下列属于干式脱硫系统运行记录内容的是（ ）。
   A. 压力值 B. 投运脱硫塔编号 C. 硫化氢含量检测值 D. 产气量
   答案：ABC

7. 核算生产成本，主要是核算成本组成中的（ ）、检测费用等。
   A. 维修费用 B. 材料费用 C. 人工费用 D. 动力费用
   答案：ABD

8. 综合类统计报表包括（ ）等。
   A. 能源消耗报表 B. 基础设备设施台账 C. 固定资产年度台账 D. 维修维护台账
   答案：ABC

9. 关于废气燃烧器未能点火的原因，下列说法正确的是（ ）。
   A. 母火出现故障 B. 废气燃烧器进气管中冷凝水过多
   C. 废气燃烧器母火进气管中冷凝水过多 D. 废气燃烧器压力设置须调整
   答案：ABCD

10. 板框脱水后的泥饼含水率过高，其原因主要有（ ）。
    A. 污泥调质不合适，须调整药剂 B. 污泥过滤周期过短
    C. 污泥过滤周期过长 D. 板框进泥的含水率过低
    答案：AB

11. 转鼓浓缩工艺的主要控制参数是控制浓缩机的（ ）。
    A. 加药量 B. 进泥量 C. 冲洗水 D. 转速
    答案：AB

12. 仪表的日常维护的工作内容有（ ）。
    A. 巡回检查 B. 定期润滑 C. 定期排污 D. 保温伴热
    答案：ABC

三、简答题

1. 简述城镇污水处理厂生产计划的编制分类。

答：城镇污水处理厂生产计划的编制，按照时间分为年度生产计划、月度生产计划两类。

2. 污泥热水解出泥换热系统效率下降，简述其原因和应采取的措施。

答：(1)原因分析：换热器进泥温度升高；冷水流量低，温度高；换热器堵塞。

(2)解决办法：检查热水解运行和稀释水投加状况。通过检查冷水管道压力判断是否要补充冷水；清理换热器。通过检查热水解出泥压力判断是否要清理疏通一级换热器。

3. 运行中发现消化池温度明显升高或降低，一天内波动超过0.5℃，简述其原因和应采取的措施。

答：(1)原因分析：一级或二级换热系统故障、堵塞造成消化池进泥温度高；消化池循环泵故障造成在线仪表测量误差大(在线温度仪表在污泥循环管路上)；消化池进泥不均造成单个消化池进泥增加、温度上升。

(2)解决方法：应首先确保换热系统设备能够正常运行，若发现出泥温度升高，应及时清理换热器；检查污泥循环系统运行是否正常，及时更换备用泵；检查消化池进泥程序是否都在自动运行，减少消化池进泥量，增加稀释水投加比例。

4. 某日，运转工小王在计算机监控界面上发现热水解高级厌氧消化系统消化池温度降低。简述他应采取的措施。

答：(1)及时填写运行记录，记录在计算机监控中发现的问题；及时报告班长，并要有报告记录。

(2)现场巡视查看消化池进泥泵的运转情况是否正常，重点查看泵的电机温度、振动、泄漏等情况。

(3)现场巡视检查热水解后污泥的换热器运转情况，查看是够有振动、泄漏情况。

(4)填写保修单，请仪表检修人员标定消化池温度计探头是否有故障。

(5)跟进检修进展，并阶段性地向班长汇报维修进展。

四、实操题

1. 简述手动阀门的开闭方法。

答：(1)阀门开启：逆时针旋转阀门手轮，同时注意面部错开手轮丝杠位置，直至阀门全部打开。手轮向顺时针方向转回半圈。

(2)阀门关闭：顺时针旋转阀门手轮，同时注意面部错开手轮丝杠位置，直至阀门全部打开。手轮向逆时针方向转回半圈。

2. 简述在日常巡视热水解区域时，应关注的内容。

答：(1)巡查配电室，看运行信号是否正常，有无异常情况。

(2)巡查料仓底部是否有渗漏，中部液压站、滑架、螺杆泵工作状况，顶部阀门、料位计、冲洗水运行是否正常。

(3)巡视热水解生产线，观察有无蒸汽和污泥泄漏，注意预防高温烫伤和压力释放；检查污泥泵运转是否正常，有无漏油和异响。

(4)巡检热交换间循环泵、温度、压力、流量、稀释水箱液位是否正常，管线有无振动、泄漏情况，消化进泥润滑油油位、软化水管道压力是否正常。

(5)污泥管线、泵有无跑冒滴漏、异响、振动，有无明显缺陷如裂缝、损坏、螺栓连接松脱或缺少等。

第二章

中 级 工

第一节 安全知识

一、单选题

1. 液体有机物的燃烧可以使用（　　）灭火。
A. 水　　　　　　　B. 沙土　　　　　　　C. 泡沫　　　　　　　D. 以上均可
答案：C

2. 在含硫化氢场所作业时，下列错误的做法是（　　）。
A. 出现中毒事故，个人先独立处理　　　　B. 作业过程有专人监护
C. 佩戴有效的防毒器具　　　　　　　　　D. 进入受限空间作业前进行采样分析
答案：A

3. 事故应急救援的特点不包括（　　）。
A. 不确定性和突发性　　　　　　　　　　B. 应急活动的复杂性
C. 后果易猝变、激化和放大　　　　　　　D. 应急活动时间长
答案：D

4. 单位应当落实逐级消防安全责任制和（　　）。
A. 部门消防安全责任制　　　　　　　　　B. 岗位消防安全责任制
C. 个人安全责任制　　　　　　　　　　　D. 内部消防安全责任制
答案：B

5. 发生火灾后，以下逃生方法不正确的是（　　）。
A. 用湿毛巾捂着嘴巴和鼻子　　　　　　　B. 弯着身子快速跑到安全地点
C. 躲在床底下，等待消防人员救援　　　　D. 不乘坐电梯，使用安全通道
答案：C

6. 下列导致操作人员中毒的原因中，除（　　）外，都与操作人员防护不到位相关。
A. 进入特定的空间前，未对有毒物质进行监测　　B. 未佩戴有效的防护用品
C. 防护用品使用不当　　　　　　　　　　D. 有毒物质的毒性高低
答案：D

7. 以下情况应采取最高级别防护措施后方可进入有限空间实施救援的是（　　）。
A. 有限空间内有害环境性质未知
B. 缺氧或无法确定是否缺氧
C. 空气污染物浓度未知、达到或超过 IDLH 浓度
D. 以上情况均应采取最高级别防护措施
答案：D

8. 引起慢性中毒的毒物绝大部分具有( )。
A. 蓄积作用　　　　　B. 强毒性　　　　　C. 弱毒性　　　　　D. 中强毒性
答案：A

9. 企业安全生产管理体制的总原则是( )。
A. 管生产必须管安全，谁主管谁负责
B. 由安全部门管安全，谁主管谁负责
C. 由各级安全员管安全，谁主管谁负责
D. 有关事故应急措施应经过当地安全监管部门审批
答案：A

10. 溺水救援中，( )指借助某些物品(如木棍等)把落水者拉出水面的方法，适用于营救者距淹溺者的距离较近(数米之内)，同时淹溺者还清醒的情况。
A. 伸手救援　　　　　B. 藉物救援　　　　　C. 抛物救援　　　　　D. 下水救援
答案：B

11. 溺水救援中，( )指向落水者抛投绳索及漂浮物(如救生圈、救生衣、木板等)的营救方法，适用于落水者与营救者距离较远且无法接近落水者，同时淹溺者还处在清醒状态的情况。
A. 伸手救援　　　　　B. 藉物救援　　　　　C. 抛物救援　　　　　D. 下水救援
答案：C

12. 关于火灾逃生自救，以下描述不正确的是( )。
A. 身上着火，千万不要奔跑，可就地打滚或用厚重的衣物压灭火苗
B. 遇火灾可乘坐电梯，也可向安全出口方向逃生
C. 室外着火，门已发烫，千万不要开门，以防大火蹿入室内，要用浸湿的被褥、衣物等堵塞门窗缝，并泼水降温
D. 若所逃生线路被大火封锁，要立即退回室内，用打手电筒、挥舞衣物、呼叫等方式向窗外发送求救信号，等待救援
答案：B

13. 以下属于布条包扎法的是( )。
A. 环形绷带包扎法　　　　　　　　　B. 螺旋形绷带包扎法
C. 8字形绷带包扎法　　　　　　　　D. 以上全部正确
答案：D

14. 以下关于毛巾包扎法描述正确的是( )。
A. 下颌包扎法是指在三角巾顶处打一结，套于下颌部，底边拉向枕部，上提两底角，拉紧并交叉压住底边，再绕至前额打结；包完后在眼、口、鼻处剪开小孔
B. 头部包扎法是指将三角巾的底边折叠两层约两指宽，放于前额齐眉以上，顶角拉向枕后部，三角巾的两底角经两耳上方，拉向枕后，先作一个半结，压紧顶角，将顶角塞进结里，然后再将左右底角拉到前额打结
C. 胸部包扎法是指将毛巾折成鸡心状放在肩上，腰边穿带在上臂固定，前后两角系带在对侧腋下打结
D. 肩部包扎法是指将三角巾顶角向上，贴于局部，如系左胸受伤，顶角放在右肩上，底边扯到背后在后面打结，再将左角拉到肩部与顶角打结；背部包扎与胸部包扎相同，唯位置相反，结于胸部
答案：B

15. 安全阀在( )时起跳，主要作用是保护设备、管线不受损害。
A. 泄漏　　　　　B. 鉴定　　　　　C. 放空　　　　　D. 超压
答案：D

16. 安全生产责任制是企业岗位责任制的一个组成部分，是安全规章制度的核心，安全生产责任制的实质是( )。
A. 谁主管谁负责　　　B. 预防为主　　　C. 安全第一　　　D. 一切按规章办事
答案：A

17. 依照《中华人民共和国安全生产法》的规定，承担( )的机构应当具备国家规定的资质条件。

A. 安全评价、认可、检测、检查 B. 安全预评价、认证、检测、检查
C. 安全评价、认证、检测、检验 D. 安全预评价、认可、检测、检验
答案：C

18. 依据《中华人民共和国消防法》的规定，消防安全重点单位应当实行（　　）防火巡查，并建立巡查记录。
A. 每日　　　B. 每周　　　C. 每旬　　　D. 每月
答案：A

19. 根据《中华人民共和国职业病防治法》的规定，建设项目在竣工验收时，其职业病防护设施应经（　　）验收合格后，方可投入正式生产和使用。
A. 建设行政部门　　　B. 卫生行政部门
C. 劳动保障行政部门　　　D. 安全生产监督管理部门
答案：B

20. 依据《中华人民共和国安全生产法》的规定，对未依法取得批准或者验收合格的单位擅自从事有关活动的，负责行政审批的部门发现或者接到举报后，应当立即（　　）。
A. 予以停产整顿　　　B. 予以取缔　　　C. 予以责令整改　　　D. 予以通报批评
答案：B

21. 依据《中华人民共和国消防法》的规定，公安消防机构应当对机关团体、企业、事业单位遵守消防法律、法规的情况依法进行监督检查，发现火灾隐患，应当及时通知有关单位或者个人采取措施（　　）。
A. 立即停止作业　　　B. 撤离危险区域
C. 限期消除隐患　　　D. 给予警告和罚款
答案：C

22. 卸危险化学品时，应避免使用（　　）工具。
A. 木质　　　B. 铁质　　　C. 铜质　　　D. 陶质
答案：B

23. 空调不应安装在可燃结构上，其设备与周围可燃物的距离不应小于（　　）。
A. 0.1m　　　B. 0.3m　　　C. 0.5m　　　D. 1.0m
答案：B

24. 库房内照明灯具下方不应堆放可燃物品，其垂直下方与储存物品水平之间距不应小于（　　），不应设置移动式照明灯具。
A. 0.3m　　　B. 0.5m　　　C. 1.0m　　　D. 1.5m
答案：A

25. 触电事故多的月份是（　　）。
A. 11—翌年1月　　　B. 2—4月　　　C. 6—9月　　　D. 10—12月
答案：C

26. 在压力容器中并联组合使用安全阀和爆破片时，安全阀的开启压力应（　　）爆破片的标定爆破压力。
A. 略低于　　　B. 等于　　　C. 略高于　　　D. 高于
答案：D

27. 依据《起重机械安全规程》（GB 6067—1985），下列装置中，露天工作于轨道上的门座式起重机应装设的是（　　）。
A. 偏斜调整和显示装置　　　B. 防后倾装置
C. 防风防爬装置　　　D. 回转锁定装置
答案：C

28. 锅炉操作人员在对某新安装锅炉进行了全面检查，确认锅炉处于完好状态后，启动锅炉的正确步骤是（　　）。
A. 上水、点火升压、煮炉、烘炉、暖管与并汽
B. 上水、烘炉、煮炉、点火升压、暖管与并汽
C. 暖管与并汽、烘炉、煮炉、上水、点火升压

D. 煮炉、烘炉、上水、点火升压、暖管与并汽

答案：B

29. 在易燃易爆危险化学品存储区域，应在醒目位置设置(　　)标识，防止发生火灾爆炸事故。

A. 严禁逗留　　　　　B. 当心火灾　　　　　C. 禁止吸烟和明火　　　　　D. 火警电话

答案：C

30. 下列说法中错误的是(　　)。

A. 下井作业人员禁止携带手机等非防爆类电子产品或打火机等火源，必须携带防爆照明、通讯设备

B. 进入污水井等地下有限空间调查取证时，作业人员应使用普通相机拍照

C. 下井作业现场严禁吸烟，未经许可严禁动用明火

D. 当作业人员进入排水管道内作业时，井室内应设置专人呼应和监护

答案：B

31. 使用长管呼吸器前必须进行检查，以下检查项错误的是(　　)。

A. 使用前检查面罩是否完好，密合框是否有破损

B. 检查导气管、长管的气密性，观察是否有空洞或裂缝

C. 使用高压送风式长管呼吸器时，检查气瓶压力是否满足作业需要以及检查报警装置

D. 滤毒罐外观有无破损

答案：C

32. 搬运可燃气危险化学品气瓶时，正确的做法是(　　)。

A. 为防止气瓶倾倒，用手握紧气瓶阀头搬运

B. 为防止气瓶砸伤人员，应将气瓶放倒，小心滚至存储位置

C. 为降低安全风险，使用小型气瓶车推运至存储位置

D. 为防止气瓶漏气，应安装气瓶阀门扳手搬运

答案：C

33. 关于应急救援原则，以下错误的是(　　)。

A. 尽可能施行非进入救援

B. 救援人员未经授权，不得进入有限空间进行救援

C. 根据有限空间的类型和可能遇到的危害决定需要采用的应急救援方案

D. 发生事故时，为节省时间救援人员应立即进入有限空间实施救援，不必获取审批

答案：D

34. 关于事故应急救援的基本任务，下列描述不正确的是(　　)。

A. 立即组织营救受害人员，组织撤离或者采取其他措施保护危害区域内的其他人员

B. 迅速控制事态，并对事故造成的危害进行检测、监测，测定事故的危害区域、危害性质及危害程度

C. 消除危害后果，做好现场恢复

D. 按照四不放过原则开展事故调查

答案：D

35. 为防止乙炔生产装置产生的乙炔发生爆炸，乙炔生产装置应安装(　　)等安全装置。

A. 防护挡板、安全阀　　　　　B. 安全阀、电源开关

C. 安全阀、安全膜　　　　　D. 隔离变压器、安全膜

答案：C

36. 以下不属于污水处理厂常见有毒有害气体的是(　　)。

A. 硫化氢　　　　　B. 氢气　　　　　C. 一氧化碳　　　　　D. 甲烷

答案：B

37. 在有危险源的区域设置(　　)，进行警示，方便了解。

A. 职业危害告知　　　　　B. 区域划分　　　　　C. 值守人员　　　　　D. 危险源警示标牌

答案：D

38. 单位应对发现的事故隐患，根据其(　　)，按照规定分级，实行信息反馈和整改制度，并做好记录。

A. 类别和性质　　　　　　　　　　　B. 性质和严重程度
C. 类别和严重程度　　　　　　　　　D. 类别和接触人员
答案：B

39. 对有限空间进行辨识，确定有限空间的(　　)，建立有限空间管理台账，并及时更新。
A. 数量　　　　　　　　　　　　　　B. 位置
C. 危险有害因素等基本情况　　　　　D. 以上全部正确
答案：D

40. 搬动移动电气设备前，一定要(　　)。
A. 切断电源　　　B. 检查电线是否碾压　　　C. 检查接头是否损坏　　　D. 向相关人员报告
答案：A

41. 对电气设备定期检查，保证电气设备完好。一旦发现问题，要及时通知(　　)进行修理。
A. 修理工　　　　B. 班组长　　　　C. 设备管理员　　　　D. 电工
答案：D

42. 污水处理厂职工常在污水池周围区域工作，可能发生的危险性较大的事故有(　　)。
A. 物体打击和触电　　　　　　　　　B. 高处坠落和机械伤害
C. 高处坠落和淹溺　　　　　　　　　D. 起重伤害和淹溺
答案：C

43. 污水池区域必须设置若干(　　)，其上拴有足够长的绳子，并定期检查和更换，以备不时之需。
A. 救生圈　　　　B. 救生衣　　　　C. 竹竿　　　　D. 橡皮筏
答案：A

44. 可能引发机械伤害事故的原因不包括(　　)
A. 检查不到位　　　　　　　　　　　B. 违反操作规程
C. 人员操作站在安全距离以外　　　　D. 隐患未及时排除
答案：C

45. 下列对触电防护措施描述错误的是(　　)
A. 使用漏电保护装置可保证触电事故不会发生
B. 安全标志是保证安全生产预防触电事故的重要措施
C. 设置障碍不能防止有意绕过障碍去触及带电体
D. 使用长大工具者，防触电间隔应当加大
答案：A

46. 进入有限空间作业必须首先采取通风措施，如机械通风，应按管道内平均风速不小于(　　)选择通风设备。
A. 0.5m/s　　　　B. 0.6m/s　　　　C. 0.7m/s　　　　D. 0.8m/s
答案：D

47. 进入有限空间作业必须首先采取通风措施，如自然通风时间应不少于(　　)。
A. 15min　　　　B. 20min　　　　C. 25min　　　　D. 30min
答案：D

48. (　　)是指针对可能发生的事故灾难，为迅速、有效地开展应急行动而预先进行的组织准备和应急保障。
A. 应急准备　　　B. 应急响应　　　C. 应急预案　　　D. 应急救援
答案：A

49. (　　)是指针对可能发生的事故灾难，为最大限度地控制或降低其可能造成的后果和影响，预先制订的明确救援责任、行动和程序的方案。
A. 应急准备　　　B. 应急响应　　　C. 应急预案　　　D. 应急救援
答案：C

50. (　　)是指在应急响应过程中，为消除、减少事故危害，防止事故扩大或恶化，最大限度地降低其可能造成的影响而采取的救援措施或行动。

A. 应急准备　　　　　B. 应急响应　　　　　C. 应急预案　　　　　D. 应急救援

答案：D

51. 冷却灭火法，就是将灭火剂直接喷洒在可燃物上，使可燃物的温度降低到自燃点以下，从而使燃烧停止。以下属于冷却灭火的操作是(　　)。

A. 用水扑救火灾

B. 将火源附近的易燃易爆物质转移到安全地点

C. 用水蒸气、惰性气体(如二氧化碳、氮气等)充入燃烧区域

D. 关闭设备或管道上的阀门

答案：A

52. 隔离灭火法，是将燃烧物与附近可燃物隔离或者疏散开，从而使燃烧停止。以下属于采取隔离灭火的具体措施的是(　　)。

A. 用水扑救火灾

B. 将火源附近的易燃易爆物质转移到安全地点

C. 用水蒸气、惰性气体(如二氧化碳、氮气等)充入燃烧区域

D. 沙土、泡沫等不燃或难燃材料覆盖燃烧或封闭孔洞

答案：B

53. 窒息灭火法，即采取适当的措施，阻止空气进入燃烧区，或惰性气体稀释空气中的氧含量，使燃烧物质缺乏或断绝氧而熄灭，适用于扑救封闭式的空间、生产设备装置及容器内的火灾。火场上运用窒息法扑救火灾时，可采用(　　)。

A. 用水扑救火灾

B. 将火源附近的易燃易爆物质转移到安全地点

C. 用水蒸气、惰性气体(如二氧化碳、氮气等)充入燃烧区域

D. 关闭设备或管道上的阀门

答案：C

54. (　　)是指将化学灭火剂喷入燃烧区参与燃烧反应，中止链反应而使燃烧反应停止。

A. 冷却灭火法　　　B. 隔离灭火法　　　C. 窒息灭火法　　　D. 抑制灭火法

答案：D

55. 窒息灭火法必须注意的事项不包括(　　)。

A. 燃烧部位较小，容易堵塞封闭，在燃烧区域内没有氧化剂时，适于采取这种方法

B. 在采取用水淹没或灌注方法灭火时，必须考虑到火场物质被水浸没后会不会产生不良后果

C. 采取窒息方法灭火以后，必须确认火已熄灭方可打开孔洞进行检查。严防过早地打开封闭的空间或生产装置而使空气进入，造成复燃或爆炸

D. 采用惰性气体灭火时，一定要将大量的惰性气体充入燃烧区，迅速降低空气氧的含量，以达窒息灭火的目的

答案：A

二、多选题

1. 在排查出的每个有限空间作业场所或设备附近设置清晰、醒目、规范的安全警示标识，标识内容包括(　　)。

A. 主要危险有害因素　　B. 警示有限空间风险　　C. 严禁擅自进入和盲目施救

D. 作业人员数量　　　　E. 需配备的防护用品与物资

答案：ABC

2. 从事高处作业人员禁止穿(　　)等易滑鞋上岗或酒后作业。

A. 高跟鞋　　　B. 硬底鞋　　　C. 拖鞋　　　D. 劳保鞋　　　E. 雨鞋

答案：ABCE

3. 下列说法描述正确的是(　　)。

A. 有限空间发生爆炸、火灾，往往瞬间或很快耗尽有限空间的氧气，并产生大量有毒有害气体，造成严重后果

B. 甲烷相对空气密度约0.55，无须与空气混合就能形成爆炸性气体

C. 一氧化碳与血红蛋白的亲合力比氧与血红蛋白的亲合力高200~300倍

D. 一氧化碳极易与血红蛋白结合，形成碳氧血红蛋白，使血红蛋白丧失携氧的能力和作用，造成组织窒息

E. 污水处理厂工作环境中存在大量的有毒物质，人一旦接触后易引起化学性中毒可能导致死亡

答案：ACDE

4. 压力下气体包括(　　)。
   A. 压缩气体　　　　B. 液化气体　　　　C. 溶解液体　　　　D. 冷冻液化气体
   答案：ABCD

5. 危险化学品火灾爆炸事故的预防包括(　　)。
   A. 防止可燃可爆混合物的形成　　　　B. 控制工艺参数
   C. 消除点火源　　　　　　　　　　　D. 制订应急处置方案
   答案：ABC

6. 发生人员有限空间窒息后，协助者应想办法通过(　　)把作业者从密闭空间中救出，协助者不可进入密闭空间，只有配备确保安全的救生设备且接受过培训的救援人员，才能进入密闭空间施救。
   A. 人字梯　　　　　B. 救生索　　　　　C. 提升机　　　　　D. 三脚架
   答案：BCD

7. 应急响应主要任务包括(　　)。
   A. 接警与通知　　　　　　　　B. 应急队伍的建设
   C. 警报和紧急公告　　　　　　D. 应急人员的培训
   答案：AC

8. 应急准备主要任务包括(　　)。
   A. 接警与通知　　　　　　　　B. 应急队伍的建设
   C. 警报和紧急公告　　　　　　D. 应急人员的培训
   答案：BD

9. 污水处理厂操作人员必须熟知的应急救援预案包括(　　)。
   A. 高处坠落应急预案　　　　　B. 有毒有害气体中毒应急预案
   C. 机械伤害应急预案　　　　　D. 火灾应急预案
   答案：ABCD

10. 所有人员应遵守有限空间作业的职责和安全操作规程，正确使用(　　)。
    A. MSDS　　　　　B. 手机　　　　　C. 个人防护用品　　　　　D. 安全装备
    答案：CD

11. 打扫卫生、擦拭设备时，严禁用水冲洗或用湿布去擦拭电气设备，以防发生(　　)事故。
    A. 触电　　　　　B. 断路　　　　　C. 灼伤　　　　　D. 短路
    答案：AD

12. 危险化学品应当储存在专门地点，有(　　)，不得与其他物资混合储存，储存方式方法与储存数量必须符合国家标准。
    A. 双人收发　　　B. 单人收存　　　C. 双人保管　　　D. 专人管理
    答案：ACD

13. 使用过程中暂存危险化学品的，应在固定地点分类分室存放，并做好相应的(　　)等预防措施，应有处理泄漏、着火等应急保障设施。
    A. 防泄漏　　　　B. 防火　　　　　C. 防盗　　　　　D. 防挥发
    答案：ABCD

14. 搬运酸、碱前应仔细检查的是(　　)。
    A. 地面是否整洁　　　　　　B. 容器的位置固定是否稳

C. 装酸或碱的容器是否封严　　　　　　　　D. 装运器具的强度

答案：BCD

15. 登高作业中，应正确佩戴与使用劳动防护用品，牢记"三件宝"，"三件宝"包括（　　）。
    A. 安全绳　　　　　B. 安全网　　　　　C. 安全带　　　　　D. 安全帽

    答案：BCD

16. 气瓶打开过程中需注意（　　）。
    A. 开瓶时要缓慢开半圆
    B. 一切正常时逐渐打开
    C. 如果阀门难以开启，可以用工具敲打
    D. 如果阀门难以开启，不能用长柄扳手使劲扳，以防将阀杆拧断

    答案：ABD

17. 按照社会危害程度、影响范围等因素，自然灾害、事故灾难、公共卫生事件分为（　　）级。
    A. 一般　　　　　　B. 较大　　　　　　C. 重大　　　　　　D. 特别重大

    答案：ABCD

18. 断电常用的办法有（　　）。
    A. 关闭电源开关、拔去插头或熔断器
    B. 用干燥的木棒、竹竿等非导电物品移开电源或使触电人员脱离电源
    C. 用平口钳、斜口钳等绝缘工具剪断电线
    D. 用身边的物体挑开电源线

    答案：ABC

19. 依据灭火原理，灭火通常采用的方法有（　　）。
    A. 冷却灭火法　　　B. 隔离灭火法　　　C. 窒息灭火法　　　D. 抑制灭火法

    答案：ABCD

20. 关于灭火通常采用的方法，下列描述正确的有（　　）。
    A. 用水扑救火灾，其主要作用就是冷却灭火
    B. 关闭设备或管道上的阀门，阻止可燃气体、液体流入燃烧区采用的是冷却灭火法
    C. 抑制灭火法可用水蒸气、惰性气体（如二氧化碳、氮气等）充入燃烧区域
    D. 抑制灭火法可使用的灭火剂有干粉和卤代烷灭火剂

    答案：AD

21. 常见的有限空间作业事故包括（　　）。
    A. 触电　　　B. 中毒窒息　　　C. 火灾、爆炸　　　D. 淹溺　　　E. 机械伤害

    答案：ABCD

22. 有限空间内可能存在（　　），如果遇到电弧、电火花、电热、设备漏电、静电、闪电等点火源，将可能引起燃烧或爆炸。
    A. 有毒气体　　　　B. 可燃气体　　　　C. 粉尘
    D. 水蒸气　　　　　E. 有挥发性的易燃液体

    答案：BCE

23. 污水处理厂常见的有限空间包括（　　）等。
    A. 下水道泵站　　　B. 格栅间　　　　　C. 污泥储存或处理设施
    D. 污泥消化池　　　E. 库房

    答案：ABCD

24. 下列对毒害气体描述正确的是（　　）。
    A. 甲烷对人基本无毒，但浓度过量时使空气中氧含量明显降低，使人窒息
    B. 硫化氢浓度越高时，对呼吸道及眼的局部刺激越明显
    C. 硫化氢浓度超高时，人体内游离的硫化氢在血液中来不及氧化，则引起全身中毒反应
    D. 硫化氢的化学性质不稳定，在空气中容易爆炸

E. 硫化氢溶于乙醇、汽油、煤油、原油中，溶于水后生成氢硫酸

答案：ACDE

25. 爆炸物质（或混合物）是这样一种固态或液态物质（或物质的混合物），其本身能够通过化学反应产生气体，而产生气体的（　　）能对周围环境造成破坏。

A. 温度　　　　　B. 压力　　　　　C. 速度　　　　　D. 密度

答案：ABC

三、简答题

1. 危险源的防范措施中，在管理方面控制危险源应建立哪些规章制度？

答：应建立岗位安全生产责任制、危险源重点控制实施细则、安全操作规程、操作人员培训考核制度、日常管理制度、交接班制度、检查制度、信息反馈制度、危险作业审批制度、异常情况应急措施和考核奖惩制度等。

2. 有限空间有毒有害气体中毒危害来自于哪些情况？

答：(1) 存储的有毒化学品残留、泄漏或挥发。

(2) 某些生产过程中有物质发生化学反应，产生有毒物质，如有机物分解产生硫化氢。

(3) 某些相连或接近的设备或管道的有毒物质渗漏或扩散。

(4) 作业过程中引入或产生有毒物质，如焊接、喷漆或使用某些有机溶剂进行清洁。

3. 简述有限空间分几类，并列举出有限空间环境场所（每类至少5个）。

答：(1) 地下有限空间：如地下室、地下仓库、地窖、地下工程、地下管道、暗沟、隧道、涵洞、地坑、废井、污水池、井、沼气池、化粪池、下水道等。

(2) 地上有限空间：如储藏室、温室、冷库、酒糟池、发酵池、垃圾站、粮仓、污泥料仓等。

(3) 密闭设备：如船舱、贮罐、车载槽罐、反应塔（釜）、磨机、水泥筒库、压力容器、管道、冷藏箱（车）、烟道、锅炉等。

4. 安全从业人员的职责有什么？

答：(1) 自觉遵守安全生产规章制度，不违章作业，并随时制止他人的违章作业。

(2) 不断提高安全意识，丰富安全生产知识，增加自我防范能力。

(3) 积极参加安全学习及安全培训，掌握本职工作所需的安全生产知识，提高安全生产技能，增加事故预防和应急处理能力。

(4) 爱护和正确使用机械设备、工具及个人防护用品。

(5) 主动提出改进安全生产工作意见。

(6) 有权对单位安全工作中存在的问题提出批评、检举、控告，有权拒绝违章指挥和强令冒险作业。

(7) 发现直接危及人身安全的紧急情况时，有权停止作业或者在采取可能的应急措施后。

5.《中华人民共和国突发事件应对法》将突发事件定义为什么？

答：突然发生，造成或者可能造成严重社会危害，需要采取应急处置措施予以应对的自然灾害、事故灾难、公共卫生事件和社会安全事件。

6. 发生突发事故后处置的通则是什么？

答：一旦发生突发安全事故，发现人应在第一时间向直接领导进行上报，视实际情况进行处理，并视现场情况拨打119、120、999、110等社会救援电话。

7. 上岸后的溺水者救治包括哪几种处置情况？

答：(1) 对意识清醒患者实施保暖措施，进一步检查患者，尽快送医治疗。

(2) 对意识丧失但有呼吸心跳患者实施人工呼吸，确保保暖，避免呕吐物堵塞呼吸道。

(3) 对无呼吸患者实施心肺复苏术。

四、实操题

1. 简述泡沫灭火器的正确使用方法。

答：使用泡沫灭火器时，应手提灭火器的提把迅速奔到燃烧处，在距燃烧物6m左右，先拔出保险销，一

手握住开启压把,另一手握住喷枪,紧握开启压把,将灭火器的密封开启,空气泡沫即从喷枪中喷出。使用时,应一直紧握开启压把,不能松开,也不能将灭火器倒置或者横卧使用,否则会中断。

2. 简述二氧化碳灭火器的正确使用方法。

答:使用二氧化碳灭火器时,将灭火器提到起火地点,在距燃烧物5m处,将喷嘴对准火源,打开开关,即可进行灭火。若使用鸭嘴式二氧化碳灭火器,应先拔下保险销,一手紧握喇叭口根部,另一只手将启闭阀压把压下;若使用手轮式二氧化碳灭火器,应向左旋转手轮。

使用二氧化碳灭火器不能直接用手抓住喇叭口外壁或金属连接管,防止手被冻伤。在室外使用时,应选择上风方向喷射;室内窄小空间使用时,使用者在灭火后应迅速离开,防止窒息。

第二节 理论知识

一、单选题

1. 各种不同直径的室外排水管道在检查井内的连接,应采取( )连接方式。
   A. 水面平接 B. 管顶平接 C. 管底平接 D. 水面平接或管顶平接
   答案:D

2. 污水的不同排放方式所形成的排水系统,称为( )。
   A. 排水体制 B. 排水布置 C. 排水设置 D. 排水设施
   答案:A

3. 在地势高低相差很大的地区,高地区的污水靠重力流直接流入污水处理厂,低地区的污水用水泵抽送至高地区干管或污水处理厂,指的是( )。
   A. 分区布置 B. 平行布置 C. 分散布置 D. 环绕布置
   答案:A

4. ( )是污水利用的一种方法,也可称为污水的土地处理法。
   A. 农田灌溉 B. 重复利用 C. 排放水体 D. 直接利用
   答案:A

5. 直接与污水运行相关的城镇排水管线是( )。
   A. 污水管 B. 支水管 C. 雨水管 D. 再生水管
   答案:A

6. 截流式合流制下水道系统是在原系统的排水末端横向铺设干管,并设( )。
   A. 溢流井 B. 水封井 C. 污水井 D. 排水井
   答案:A

7. 各排水区域有独立的排水系统,干管常采用辐射状分布指的是( )。
   A. 辐射布置 B. 平行布置 C. 分散布置 D. 环绕布置
   答案:A

8. 排水系统的体制是将生活污水、工业废水和降水三类污水采用一个管渠系统来排除,或者采用两个或两个以上各自独立的管渠系统来排除,污水的这种不同排除方式所形成排水系统,称作( )。
   A. 排水系统的体制 B. 排水系统的布置 C. 排水系统的措施 D. 排水系统的方式
   答案:A

9. ( )是决定细菌遗传性的主要部分。
   A. 细胞壁 B. 细胞膜 C. 细胞质 D. 核质
   答案:D

10. 需要有机物方能生长的细菌称为( )。
    A. 共生菌 B. 异养菌 C. 自生菌 D. 腐殖菌
    答案:B

11. 在相序上，三相交流电的第一相超过第二相（　　）。
    A. 60°　　　　　　B. 90°　　　　　　C. 120°　　　　　　D. 180°
    答案：C

12. 在电荷之间互相吸引或互相排斥的力所作用的空间称为（　　）。
    A. 电场　　　　　B. 磁场　　　　　C. 引力　　　　　D. 电流
    答案：A

13. 当电流强度一定时，线圈的匝数越多，磁力（　　）。
    A. 越弱　　　　　B. 越强　　　　　C. 基本不变　　　D. 略有减弱
    答案：B

14. 电机是把电能和机械能相互转换的机器，把机械能转换成电能的机器叫（　　），把电能转换成机械能的机器叫（　　）。
    A. 电动机，发电机　　B. 变压器，电动机　　C. 发电机，变压器　　D. 发电机，电动机
    答案：D

15. 可用来防止过载电流和短路电流通过电气装置的设备是（　　）。
    A. 负荷开关　　　B. 熔断器　　　　C. 闸刀开关　　　D. 控制按钮
    答案：B

16. 下列有关三相交流电三相四线制的说法错误的是（　　）。
    A. 三相四线制是把发电机的三个线圈的起始端连接在一起
    B. 从中性点引出的输电线称为中性线
    C. 接地的中性线称为零线
    D. 零线通常用黄绿相间的颜色表示
    答案：A

17. 放大器接入负载后，电压放大倍数会（　　）。
    A. 下降　　　　　B. 增大　　　　　C. 不变　　　　　D. 有时增大，有时减小
    答案：A

18. 让一根导线通入直流电流后，再把该导线绕成一个螺线管，则电流（　　）。
    A. 变小　　　　　B. 变大　　　　　C. 不变　　　　　D. 不能确定
    答案：C

19. 对功率放大时的电路最基本的要求是（　　）。
    A. 输出信号电压大　　　　　　　　　B. 输出信号电流大
    C. 输出信号电压和电流均大　　　　　D. 输出信号电压大、电流小
    答案：C

20. 纯电容电路的功率因数（　　）0。
    A. 大于　　　　　B. 小于　　　　　C. 等于　　　　　D. 等于或大于
    答案：C

21. 为保证设备操作者的安全，设备照明灯的电压应选（　　）。
    A. 380V　　　　　B. 220V　　　　　C. 110V　　　　　D. 36V 以下
    答案：D

22. 热继电器在电路中具有（　　）保护作用。
    A. 过载　　　　　B. 过热　　　　　C. 短路　　　　　D. 失压
    答案：A

23. 在接零保护中，保护接地装置的接地电阻一般不超过（　　）。
    A. 1Ω　　　　　　B. 4Ω　　　　　　C. 7Ω　　　　　　D. 10Ω
    答案：B

24. 导体的电阻与两端所加的（　　）。
    A. 电压成正比　　B. 电流成反比　　C. 电压、电流都无关　　D. 电压成正比、电流成反比

答案：C

25. 三相变压器采用Y/△接法时，可以（　　）。
A. 降低线圈绝缘要求　　B. 使绕组导线截面增大　　C. 增大输出功率　　D. 增大输入功率
答案：A

26. 在相同条件下，若将异步电动机的磁极数增多，电动机输出的转矩（　　）。
A. 增大　　　　B. 减小　　　　C. 不变　　　　D. 与磁极数无关
答案：A

27. 三相异步电动机正常的转差率应为（　　）。
A. 50%~70%　　B. 10%~20%　　C. 2%~5%　　D. 0.5%~1%
答案：C

28. 在控制电路和信号电路中，耗能元件必须接在电路（　　）。
A. 左边　　　　　　　　　　　　B. 右边
C. 靠近电源干线的一边　　　　　D. 靠近接地线的一边
答案：D

29. 星形—三角形降压启动时，电动机定子绕组中的启动电流可以下降到正常运行时电流的（　　）。
A. 1/5倍　　B. 1/4倍　　C. 1/3倍　　D. 3倍
答案：C

30. 3个阻值都为R的电阻，先将其中2个并联，再与另1个串联，最终阻值应为（　　）。
A. $3R$　　B. $3/2R$　　C. $2R$　　D. $1/2R$
答案：B

31. 一个额定功率为1W、电阻值为100Ω的电阻，允许通过的最大电流为（　　）。
A. 100A　　B. 1A　　C. 0.1A　　D. 0.01A
答案：C

32. 将电能变换成其他能量的电路组成部分称为（　　）。
A. 电源　　B. 开关　　C. 导线　　D. 负载
答案：D

33. 下列关于变压器的描述错误的是（　　）。
A. 变压器可进行电压变换　　　　B. 有的变压器可变换阻抗
C. 有的变压器可变换电源相位　　D. 变压器可进行能量形式的转化
答案：D

34. 在异步电动机直接启动的电路中，熔断器的熔体额定电流应取电动机额定电流的（　　）。
A. 1~1.5倍　　B. 1.5~2倍　　C. 2.5~4倍　　D. 4~7倍
答案：C

35. 关于开路时电路的特点，下列说法正确的是（　　）。
A. 电路中没有电流　　B. 电路中有电流　　C. 负载上有电压　　D. 电阻最大
答案：A

36. 万用表使用完毕后，应将转换开关置于（　　）。
A. 电流挡　　B. 电阻挡　　C. 空挡　　D. 任意挡
答案：C

37. 钳形电流表使用完毕后，应将仪表的量程开关置于（　　）的位置上。
A. 最大量程　　B. 最小量程　　C. 中间量程　　D. 任意量程
答案：A

38. 关于高压测电器的使用，下列描述错误的是（　　）。
A. 使用时必须戴绝缘手套　　　　B. 天气潮湿不宜使用
C. 测前必须证实电器良好　　　　D. 试验周期为1年
答案：D

39. 在全电路中，负载电阻增大，端电压将(　　)。
A. 升高　　　　　B. 降低　　　　　C. 不变　　　　　D. 不确定
答案：A

40. 在闭合电路中，电源内阻变大，电源两端的电压将(　　)。
A. 升高　　　　　B. 降低　　　　　C. 不变　　　　　D. 不确定
答案：B

41. N46机械油中的"46"表示油的(　　)。
A. 闪点　　　　　B. 黏度　　　　　C. 凝固点　　　　D. 针入度
答案：B

42. 零件图的主要作用之一是(　　)。
A. 表示零件的结构　　　　　　　　B. 直接指导零件制造
C. 表示零件图与装配图的关系　　　D. 表示零件之间的配合情况
答案：B

43. 同一条螺旋线上相邻两牙之间的轴向距离叫(　　)。
A. 螺距　　　　　B. 导程　　　　　C. 牙距　　　　　D. 牙径
答案：B

44. 叶轮用泵轴用平键连接，平键的(　　)传递扭矩。
A. 一个侧面　　　B. 两个侧面　　　C. 上底面　　　　D. 下底面
答案：B

45. 罗茨鼓风机转子的形状是(　　)。
A. 圆形　　　　　B. 环形　　　　　C. 腰形　　　　　D. 椭圆形
答案：C

46. 弹簧式压力计在使用时，最大工作压力不应超过量程的(　　)。
A. 1/2　　　　　B. 2/3　　　　　C. 3/4　　　　　D. 4/5
答案：B

47. 压阻式压力传感器具有(　　)的特点。
A. 精度低　　　　B. 频率响应高　　C. 迟滞较大　　　D. 结构复杂
答案：B

48. 在容器中测量液体介质高低的仪表叫(　　)。
A. 位置传感器　　B. 高度计　　　　C. 空间传感器　　D. 液位计
答案：D

49. 下列关于电磁流量计说法错误的是(　　)。
A. 磁路系统的作用是产生均匀的直流或交流磁场。直流磁路用永久磁铁实现，其优点是结构比较简单，受交流磁场的干扰较小
B. 测量导管的作用是让被测导电性气体通过
C. 电极的作用是引出和被测量介质成正比的感应电势信号
D. 在测量导管的内侧及法兰密封面上，有一层完整的电绝缘衬里
答案：B

50. 压力表的使用范围一般是它量程的1/3～2/3，如果超过了2/3，则(　　)。
A. 接头或焊口要漏　　　　　　　　B. 压力表传动机构变形
C. 时间长了精度要下降　　　　　　D. 相对误差增大
答案：C

51. 板框压滤对滤布的特殊要求是(　　)。
A. 机械强度高　　B. 耐化学性能强　C. 密封性能好　　D. 滤饼易剥落
答案：C

52. 衡量润滑油流动性好坏的重要指标是(　　)。

A. 温度　　　　　　B. 密度　　　　　　C. 浓度　　　　　　D. 黏度

答案：D

53. 三相异步电动机在轻载运转中电源缺相，电机会(　　)。

A. 立即停转　　　　B. 继续转动　　　　C. 立刻烧坏　　　　D. 以上都有可能

答案：B

54. 造成电动机绝缘下降的原因是(　　)。

A. 电动机绕组受潮　　　　　　　　　B. 引出线及接线盒内绝缘不良
C. 电动机绕组长期过热老化　　　　　D. 以上说法都对

答案：D

55. 电容器禁止带电荷合闸，电容器再次合闸时，必须在断开(　　)之后。

A. 1min　　　　　　B. 2min　　　　　　C. 3min　　　　　　D. 10min

答案：C

56. 电压互感器在发生(　　)情况时，应立即停运。

A. 线路接地　　　　　　　　　　　　B. 线路跳闸
C. 高压侧熔丝连续熔断3次　　　　　D. 低压侧熔丝熔断

答案：C

57. 如果水泵流量不变，管道截面减小，则流速(　　)。

A. 增加　　　　　　B. 减小　　　　　　C. 不变　　　　　　D. 没变化

答案：A

58. 离心脱水机中进行固液分离的装置是(　　)。

A. 内螺旋推进器　　B. 进料管　　　　　C. 转筒　　　　　　D. 防护箱体

答案：C

59. 离心脱水机转鼓的转速与螺旋输送器的转速之差称为该机的(　　)。

A. 推进力　　　　　B. 压力差　　　　　C. 相对速度　　　　D. 转速差

答案：D

60. 螺杆泵属于(　　)。

A. 叶轮式泵　　　　B. 容积式泵　　　　C. 喷射泵　　　　　D. 往复泵

答案：B

61. (　　)是将压缩空气的压力转换为机械能，并驱动工作机构做往复直线运行或摆动的装置。

A. 气缸　　　　　　B. 空气控制阀　　　C. 油雾器　　　　　D. 滤气器

答案：A

62. 水泵是将原动机的(　　)转化为输送液体能量的水力机械。

A. 电能　　　　　　B. 热能　　　　　　C. 机械能　　　　　D. 其他

答案：C

63. 按工作原理分类，污泥机械脱水的方法不包括(　　)。

A. 吸附法　　　　　B. 压滤法　　　　　C. 离心法　　　　　D. 真空吸滤法

答案：A

64. 离心脱水机的转速差是指(　　)与螺旋的转速之差，即两者之间的相对转速。

A. 差速器　　　　　B. 转鼓　　　　　　C. 出渣口　　　　　D. 输送器

答案：B

65. 交流电动机最好的调速方法是(　　)。

A. 变级调速　　　　B. 降压调速　　　　C. 转子串电阻调速　D. 变频调速

答案：D

66. 沼气系统冷凝水排放的目的是(　　)。

A. 避免管道腐蚀　　　　　　　　　　B. 回收冷凝水
C. 避免沼气输送压力增加　　　　　　D. 避免沼气湿度过高

答案：C

67. 目前，潜水泵和潜水搅拌器常用的转动轴的密封方式是（　　）。
A. O 型圈　　　　　B. 填料（盘根）　　　C. 机械密封　　　　D. 橡胶油封
答案：C

68. 潜水泵最重要、难度最大的密封部位是（　　）。
A. 壳体　　　　　　B. 转轴　　　　　　　C. 电缆入口　　　　D. 进水口
答案：B

69. 下列污泥脱水设备中，不是以多孔性物质为过滤介质的脱水设备是（　　）。
A. 离心脱水机　　　B. 转鼓真空过滤机　　C. 带式压滤机　　　D. 板框压滤机
答案：A

70. 选择调节阀的口径时，为确保其能够正常运行，要求调节阀在最大流量时的开度小于 90%，最小流量时的开度大于等于（　　）。
A. 5%　　　　　　 B. 10%　　　　　　　C. 20%　　　　　　D. 30%
答案：C

71. 剩余污泥来自（　　）或生物膜法的二次沉淀池。
A. 曝气沉砂池　　　B. 活性污泥法　　　　C. 初沉池　　　　　D. 氧化沟
答案：B

72. 经过消化处理的污泥，称为（　　）。
A. 消化污泥　　　　B. 生污泥　　　　　　C. 剩余污泥　　　　D. 初沉污泥
答案：A

73. 污泥的挥发性固体（或称灼烧减重）近似等于（　　）。
A. 污泥浓度　　　　B. 固体回收率　　　　C. 悬浮物　　　　　D. 有机物含量
答案：D

74. 初沉污泥中的干污泥量与进水中的悬浮物、沉淀效率有关，湿污泥量除与沉淀效率有关外，还直接决定了（　　）。
A. 污泥的有机份　　B. 污泥的重金属含量　C. 排泥的浓度　　　D. 污泥的比重
答案：C

75. 污泥的（　　）是各类污泥处置方式中最为经济有效的方式，还可以实现资源的回收和利用。
A. 填埋　　　　　　B. 土地利用　　　　　C. 建筑材料利用　　D. 焚烧
答案：B

76. 污泥处置优先考虑的方法是（　　）。
A. 资源利用　　　　B. 固化　　　　　　　C. 焚烧　　　　　　D. 卫生填埋
答案：A

77. 污泥的根本出路是资源化。妥善处理后的污泥可以农用或（　　）。
A. 填埋　　　　　　B. 焚烧　　　　　　　C. 干化　　　　　　D. 制作建材
答案：D

78. 污泥处置的主要目的是（　　）。
A. 使污泥初步减容　　　　　　　　　　　B. 使污泥中的有机物分解
C. 使污泥进一步减容　　　　　　　　　　D. 消纳污泥
答案：D

79. 常用的污泥筛分设备多安装在（　　）。
A. 储泥池内　　　　B. 污泥管线上　　　　C. 脱水设备后　　　D. 污水管线上
答案：B

80. 污泥筛分常用设备有（　　）和管道式两种格栅。
A. 滚筒式　　　　　B. 回转式　　　　　　C. 阶梯式　　　　　D. 抓斗式
答案：A

81. 滚筒式格栅是利用滚筒式网板从液体中筛分出(　　)、纤维、毛发等杂质的设备。
A. 固体颗粒　　　　　B. 砂石　　　　　C. 有机物　　　　　D. 污泥
答案：A

82. 污泥的气浮浓缩适用于相对密度接近于(　　)的活性污泥。
A. 0.5　　　　　B. 1　　　　　C. 1.5　　　　　D. 2
答案：B

83. 关于污泥浓缩和脱水，下列说法错误的是(　　)。
A. 污泥浓缩的方法有重力浓缩、气浮浓缩和机械浓缩
B. 污泥机械浓缩脱水前的预处理的目的是降低污泥比阻值
C. 污泥机械浓缩脱水前，进行的化学调节法常用的混凝剂有无机混凝剂、有机高分子聚合电解质和微生物混凝剂三类
D. 离心脱水时，投加的絮凝剂量越大，出泥效果越好，分离液越清澈
答案：D

84. 污泥浓缩工艺中常用的耗材是(　　)，为易损材料，所以应定期更换。
A. 筛网　　　　　B. 滤布　　　　　C. 皮带和喷嘴　　　　　D. 以上全都是
答案：D

85. 污泥脱水效果的评价指标通常用(　　)来表示。
A. 脱水量　　　　　B. 脱水率　　　　　C. 固体回收率　　　　　D. 固体流失率
答案：C

86. 衡量污泥脱水的性能指标主要是(　　)。
A. 污泥比阻和污泥毛细吸水时间　　　　　B. 污泥含水率
C. 污泥有机份　　　　　D. 污泥含沙量
答案：A

87. 污泥焚烧系统通常包括(　　)。
A. 储运系统、干化系统　　　　　B. 焚烧系统、余热利用系统
C. 烟气净化系统、电气自控仪表系统及其辅助系统　　D. 以上全都是
答案：D

88. 污泥焚烧系统的核心是(　　)。
A. 储运系统　　　　　B. 余热利用系统
C. 污泥干化系统和焚烧系统　　　　　D. 烟气净化系统
答案：C

89. 下列关于热水解描述不正确的是(　　)。
A. 热水解辅助系统包括工艺气收集、蒸汽锅炉加热、压缩空气系统、换热器、稀释水等
B. 浆化罐中，污泥储罐泵入的污泥与后继两个罐中回用的蒸汽余热混合升温，以进行能量回收
C. 反应罐采用序批式处理，一般由2～6个罐组成，实现连续运行的效果
D. 在闪蒸罐中，污泥卸压后，温度降低到120℃
答案：D

90. 污泥经热水解处理后其流动性能提高，消化池的进料固体浓度可以提高到(　　)。
A. 2%～4%　　　　　B. 4%～6%　　　　　C. 9%～10%　　　　　D. 10%～15%
答案：C

91. 热处理会影响污泥的特性，下列说法正确的是(　　)。
A. 絮体表面和内部的胞外聚合物在热处理过程中发生溶解和水解
B. 由于污泥絮体结构的解体和一部分细胞物质从不溶态转化为溶解态，导致污泥含固量下降
C. 热处理会导致污泥絮体结构和部分微生物的细胞结构破碎
D. 以上全都正确
答案：D

92. 关于热水解反应罐的作用，下列说法不正确的是（　　）。
A. 反应罐是热水解处理的核心部位
B. 各反应罐是按照顺序依次运行的
C. 反应罐的主要控制参数有时间控制、压力控制、周期间隔
D. 为保证反应罐能按周期运行，运行中应时刻关注各批次的时间周期变化，发现异常应及时查找原因
答案：B

93. 关于热水解闪蒸罐的作用，下列说法不正确的是（　　）。
A. 闪蒸罐的主要目的是通过突然减压从而释放包含在污泥里的蒸汽
B. 闪蒸罐主要控制的关键点是排泥流量和稀释水的投加
C. 控制闪蒸罐的排泥流量，实际上就是稳定均衡闪蒸罐内的污泥温度
D. 根据一天内反应罐的总排泥量，设定闪蒸罐的平均排泥流量，确保消化池连续进泥
答案：C

94. 热水解工艺气来自（　　）。
A. 蒸汽余热
B. 热水解生产线上5个反应罐、闪蒸罐和浆化罐自身的蒸汽
C. 污泥中蒸发的水分
D. 稀释水
答案：B

95. 厌氧消化后的污泥含水率（　　），还应对污泥进行脱水、干化等处理，否则不易长途输送和使用。
A. 很高　　　　B. 很低　　　　C. 为60%　　　　D. 为80%
答案：A

96. 关于好氧消化相对于厌氧消化所存在的缺点，下列描述不正确的是（　　）。
A. 上清液中 BOD_5、COD_{cr}、SS、氨氮浓度低　　B. 运行成本高
C. 不能产生沼气　　D. 污泥量少，有臭味
答案：D

97. 近年研发并投入生产应用的污泥消化液高效、节能脱氮技术为（　　）。
A. 膜生物反应器　　B. 反硝化生物滤池　　C. 厌氧氨氧化　　D. 倒置A-A-O
答案：C

98. 厌氧反应产生的沼气中甲烷的含量为（　　）。
A. 25%~35%　　B. 35%~45%　　C. 50%~70%　　D. 65%~83%
答案：C

99. 沼气的利用价值比较高且利用途径比较广泛。下列属于沼气利用的是（　　）。
A. 沼气中的 CH_4 可作为生产四氯化碳或者有机玻璃树脂的原料，也可用于制造甲醛
B. 沼气净化提纯后直接与城市天然气管线并网，供给周边居民或工业客户使用
C. 将沼气作为燃料，在污水处理厂里直接利用，用于弥补能源不足
D. 以上全都是
答案：D

100. 下列关于沼气脱硫的描述不正确的是（　　）。
A. 沼气脱硫是指去除沼气中的 H_2S 气体
B. 一般要求沼气脱硫后，沼气中 H_2S 含量低于500ppm[①]
C. 脱硫装置通常设置在气柜前，主要分为干式脱硫和湿式脱硫两种方式
D. 初沉池之前或曝气池后加铁盐，可减少 H_2S 的产生
答案：B

101. 干式脱硫一般采用（　　）脱硫。

---

① 1ppm=0.001‰，下同。

A. 氧化铁　　　　　　B. 氧化铝　　　　　　C. 氯化铁　　　　　　D. 氯化铝

答案：A

102. 下列关于沼气存储常用的柔膜气柜描述不正确的是(　　)。
A. 沼气存储于气柜的内膜和外膜之间　　　B. 沼气存储于气柜的底膜和内膜之间
C. 沼气柜常用的高度计是雷达物位计　　　D. 沼气柜常用的高度计是超声波物位计

答案：A

103. 下列不能用于湿式脱硫塔去除硫化氢的喷淋液的是(　　)。
A. 水　　　　　　　　B. 氢氧化钠　　　　　C. 碳酸氢钠　　　　　D. 柠檬酸

答案：D

104. 流化床污泥干化后的物料的含水率一般为(　　)。
A. 5%～10%　　　　B. 20%～30%　　　　C. 30%～50%　　　　D. 50%～60%

答案：A

105. 下列污泥处理工序中，必须使用蒸汽作为热源的是(　　)。
A. 污泥热水解　　　　B. 污泥离心脱水　　　C. 污泥重力浓缩　　　D. 污泥气浮浓缩

答案：A

106. 污泥回流的主要目的是保持曝气池中的(　　)。
A. MLSS　　　　　　B. DO　　　　　　　　C. MLVSS　　　　　　D. SVI

答案：A

107. (　　)可反映曝气池正常运行的污泥量，可用于控制剩余污泥的排放。
A. 污泥浓度　　　　　B. 污泥沉降比　　　　C. 污泥指数　　　　　D. 污泥龄

答案：B

108. 污泥的含水率从99%降低到96%，污泥体积减小了(　　)。
A. 1/4　　　　　　　B. 1/3　　　　　　　C. 2/3　　　　　　　D. 3/4

答案：D

109. 污泥浮渣管道适用于(　　)。
A. 蝶阀　　　　　　　B. 单向阀　　　　　　C. 闸阀　　　　　　　D. 截止阀

答案：C

110. 下列关于万用表的描述错误的是(　　)。
A. 万用表精度不高
B. 万用表电量不足时，不会影响电阻的测量
C. 当万用表处在电流挡测量电压时，万用表容易损坏
D. 万用表可供测量交流电压、直流电压、直流电流和电阻

答案：B

111. 为了达到在两地同时控制一台设备的目的，必须在另一地点再装一组启动和停止按钮。这两组启停按钮接线的方法必须是：启动按钮要相互(　　)，停止按钮要相互(　　)。
A. 串联，并联　　　　B. 串联，串联　　　　C. 并联，串联　　　　D. 并联，并联

答案：C

二、多选题

1. 机械行业的主要产品包括农业机械、重型矿山机械、工程机械、石油化工通用机械、电工机械、机床、汽车、仪器仪表、基础机械、包装机械、环保机械、其他机械等12类。下列机械产品中，属于基础机械类的有(　　)。
A. 轴承　　　　　　　B. 齿轮　　　　　　　C. 电料装备
D. 模具　　　　　　　E. 蓄电池

答案：ABD

2. 企业应当采用(　　)的清洁工艺，并加强管理，减少水污染物的产生。

A. 原材料环保 B. 原材料利用效率高
C. 污染物排放量少 D. 污染物不混合
答案：BC

3. 合流制排水系统可分为（　　）。
A. 直排式 B. 截流式 C. 辐流式 D. 合排式
答案：AB

4. 分流制排水系统可分为（　　）。
A. 完全分流制 B. 不完全分流制 C. 部分分流制 D. 直接分流制
答案：ABC

5. 城市污水重复使用的方式有（　　）。
A. 自然复用 B. 间接复用 C. 直接复用 D. 不完全复用
答案：ABC

6. 下列属于无脊椎动物的有（　　）。
A. 原生动物 B. 后生动物 C. 藻类 D. 真菌
答案：AB

7. 当短路电流通过电器和导体时，会产生（　　）。
A. 电磁干扰效应 B. 电动效应 C. 热效应 D. 电压骤降效应
答案：BC

8. 三相异步电动机的调速方法有（　　）。
A. 变频调速 B. 变极调速 C. 变转差率调速 D. 变压调速
答案：ABC

9. 供配电系统的设计为减小电压偏差，应符合的要求有（　　）。
A. 正确选择变压器的变压比和电压分接头 B. 降低系统阻抗
C. 采取补偿无功功率措施 D. 使三相负荷平衡
答案：ABCD

10. 下列可能引起设备发生漏电故障的情况有（　　）。
A. 电缆的绝缘老化 B. 电气设备受潮或进水 C. 电缆护套破损 D. 带电作业
答案：ABCD

11. 下列会造成电动机匝间短路的情况有（　　）。
A. 电动机的实际负载远低于电动机的额定负载
B. 在施工过程中碰破了线圈的匝间绝缘
C. 电动机长期在高温下运行使线圈的匝间绝缘老化变质
D. 电动机严重过负荷运行
E. 转子与定子绕组端部相互摩擦造成绝缘损坏
答案：BCDE

12. 三相异步电动机的转子是由（　　）组成的。
A. 转轴 B. 电机 C. 转子铁芯 D. 转子线组
答案：ACD

13. 齿轮在（　　）的情况下，应选用高黏度润滑油。
A. 运动速度低 B. 运动速度高 C. 工作负荷大 D. 工作温度高
答案：ACD

14. 水泵的主要性能参数有流量、扬程、（　　）等。
A. 转速 B. 功率 C. 效率 D. 气蚀余量
答案：ABCD

15. 离心压缩机常采用的密封方式有（　　）。
A. 迷宫密封 B. 浮环油膜密封 C. 机械接触式密封 D. 干气密封

答案：ABCD

16. 下列属于泵的保护方式的有（　　）。
A. 高压报警　　　　B. 低液位报警　　　　C. 干运转报警　　　　D. 温度报警
答案：ABCD

17. 按照阀门结构分类，下列对阀门类型和符号表达正确的是（　　）。
A. 闸阀（表示字母为 Z）　　　　　　　　B. 蝶阀（表示字母为 D）
C. 球阀（表示字母为 Q）　　　　　　　　D. 止回阀（表示字母为 z）
答案：ABC

18. 液压隔膜泵式计量泵分为（　　）。
A. 单隔膜　　　　B. 双隔膜　　　　C. 三隔膜　　　　D. 四隔膜
答案：AB

19. 污泥管道中常用的阀门有（　　）。
A. 蝶阀　　　　B. 闸阀　　　　C. 球阀　　　　D. 旋塞阀
答案：ABC

20. 带式脱水机在完成一个从进泥到出泥的周期，包括的阶段有（　　）。
A. 污泥的絮凝阶段　　B. 重力脱水阶段　　C. 压缩脱水阶段　　D. 污泥的剪切压缩阶段
答案：ABCD

21. 带式压滤脱水机的工作区域分为（　　）。
A. 重力区　　　　B. 楔形区　　　　C. 挤压区
D. 低压区　　　　E. 高压区
答案：ABDE

22. 螺杆泵的特点有（　　）。
A. 压力和流量稳定　　　　　　　　B. 振动和噪声较小
C. 体积流量大致与转速成正比　　　　D. 适用于高压、小流量的场合
答案：ABC

23. 下列关于生活污水处理中污泥组成的说法正确的是（　　）。
A. 污泥含水率高，通常污泥的含水率可高达 97%以上
B. 城镇污水污泥主要属于无机污泥
C. 污泥中含有大量病原菌、寄生虫、致病微生物
D. 污泥中含有砷、铜、铬、汞等重金属
答案：ACD

24. 污泥处理的方法，一般是指通过（　　），去除污泥中的水分，提取污泥中的有机物，减少污泥的容积。
A. 化学法　　　　B. 生化法　　　　C. 混合法　　　　D. 物化法
答案：BD

25. 下列污泥处理方法中，属于生化法的是（　　）。
A. 浓缩　　　　B. 堆肥　　　　C. 好氧消化　　　　D. 厌氧消化
答案：BCD

26. 下列关于污泥脱水的描述正确的是（　　）。
A. 板框脱水后污泥含水率宜控制在 60%以下　　B. 板框脱水根本无须添加药剂进行污泥调质
C. 带式脱水后污泥含水率宜控制在 80%以下　　D. 离心脱水后污泥含水率宜控制在 70%以下
答案：AC

27. 下列关于污泥处置要求的描述正确的是（　　）。
A. 各地区在选择污泥处置方法时，应考虑泥质特性、地理位置、环境条件和经济社会发展水平、人员管理水平等因素
B. 对于土地资源相对丰富，制水泥、制砖等行业较发达的城市，污泥宜以土地利用和建筑材料利用为主、填埋为辅进行处置

C. 对于城市中心区人口密集、土地资源紧张、经济相对发达的地区，污泥宜以土地利用和建筑材料利用为主、填埋为辅进行处置

D. 污泥的土地利用是各类污泥处置方式中最为经济有效的方式，所以各地都要以土地利用作为污泥处置的方法

答案：AB

28. 污泥处理方法中物化的方法通常有（　　）等。
 A. 筛分 B. 浓缩 C. 干化 D. 消化
答案：ABC

29. 污泥处理方法中生化的方法通常包括（　　）等。
 A. 干化 B. 浓缩 C. 堆肥 D. 消化
答案：CD

30. 下列可以不做预处理的污泥脱水工艺有（　　）。
 A. 污泥浓缩 B. 离心脱水 C. 自然干化脱水 D. 板框脱水
答案：AC

31. 浓缩池的固体沉降过程应包括（　　）。
 A. 成层沉淀 B. 压缩沉淀 C. 絮凝沉淀 D. 快速沉淀
答案：AB

32. 下列关于离心脱水机说法正确的有（　　）。
 A. 离心机一般允许不大于0.5cm的浮渣进入，不允许65目以上的砂粒进入
 B. 调节液面高度可使液体澄清度与固体干度之间取得最佳平衡
 C. 实现扭矩的控制是离心脱水机最佳运行的最好途径
 D. 离心脱水机转鼓转速越高，分离效果越好
答案：ABCD

33. 关于堆肥调理剂，下列说法正确的有（　　）。
 A. 调理剂是快速堆肥中必不可少的添加剂，它可以起到调节物料碳氮比、含水率、堆肥养分等作用
 B. 从调理剂是否参与发酵过程的角度，将调理剂分为活性调理剂和惰性调理剂
 C. 活性调理剂指本身含有易降解有机物，在堆肥过程中不参与有机质降解过程的调理剂
 D. 惰性调理剂在堆肥过程中不被微生物降解，起到调节堆体的物理结构和改善堆肥品质的作用
答案：ABD

34. 关于工艺气，下列说法正确的有（　　）。
 A. 在热水解处理过程中产生的臭气称为工艺气
 B. 工艺气来自生产线5个反应罐、闪蒸罐和浆化罐自身的蒸汽
 C. 工艺气成分包含硫醇、胺和硫化氢等
 D. 工艺气由闪蒸罐排出，所以通过闪蒸罐运行压力可以监控工艺气排放情况
答案：ABC

35. 下列属于厌氧消化阶段的是（　　）。
 A. 水解阶段 B. 产酸阶段 C. 兼氧阶段 D. 产甲烷阶段
答案：ABD

36. 关于沼气净化系统，下列说法正确的有（　　）。
 A. 沼气中通常含有一些杂质随沼气溢出进入输送气管中，严重的会堵塞输送气管中的阻火器等
 B. 沼气净化就是采用砾石过滤器或水封装置等将杂质去除
 C. 为防止后继管线和沼气利用设备被腐蚀，应进行沼气脱硫，去除沼气中的硫化氢
 D. 对于有些特殊的设备，还要考虑到沼气的除湿
答案：ABCD

37. 污泥消化过程中产生沼气，其成分除甲烷外还含有（　　）。
 A. CO_2 B. H_2 C. N_2 D. H_2S

答案：ABCD

38. 下列关于重力浓缩说法正确的有（　　）。
A. 在污水硝化脱氮之前，重力浓缩池广泛用于混合污泥（初沉污泥和二沉池活性污泥的混合污泥）的浓缩
B. 重力浓缩过程中一般要添加聚合物
C. 重力浓缩过程中，污泥中含有的硝酸盐会在厌氧环境下产生氮气，带着污泥絮体上浮，影响浓缩效果
D. 重力浓缩是指在重力场的作用下通过沉降作用来完成固液分离
答案：ACD

39. 下列关于浓缩说法正确的有（　　）。
A. 离心浓缩主要是依靠离心力来分离悬浮固体的
B. 离心浓缩机产生的加速度可达重力加速度的12600倍，在加速度的作用下，悬浮液中的悬浮固体会从网带上甩到边缘处
C. 重力带式浓缩是通过过滤来实现固液分离的
D. 转鼓机械浓缩是通过过滤来实现固液分离的
答案：ACD

40. 润滑油、润滑脂的主要作用是（　　）。
A. 润滑　　　　B. 防腐　　　　C. 密封　　　　D. 冷却
E. 清洁　　　　F. 缓冲　　　　G. 动能传递
答案：ABCDEFG

三、简答题

1. 简述污水的类型及每类污水的性质特征。

答：污水按照来源不同，分为生活污水、工业废水和降水3类。生活污水是指人们日常生活中用过的水，含有较多的有机物、洗涤剂及病原菌；工业废水是指工业生产中排出的废水，又分生产废水和生产污水，其中生产污水多半具有危害性；降水即大气降水，包括液态降水和固态降水。

2. 简述采用重力浓缩法进行污泥处理的优缺点。

答：优点：(1)运行费用低；(2)是脱除污泥中间隙水的最经济的方法。

缺点：(1)浓缩池体积较大；(2)浓缩时间较长；(3)上清液BOD浓度较高。

3. 简述初沉污泥的产量与哪些因素有关。

答：初沉污泥的产量取决于污水水质与初沉池的运行情况。干污泥量与进水中的SS、沉淀效率有关，湿污泥量除与沉淀效率有关外，还与初沉池排泥时间、初沉池排泥浓度有关。

4. 简述污泥处置的主要目的。

答：污泥处置的主要目的为采用某种途径将最终的污泥予以消纳。

5. 简述选择污泥处置方式时，应考虑的因素。

答：各地区应根据泥质特性、地理位置、环境条件和经济社会发展水平、人员管理水平等因素合理确定污泥处置方式。

6. 简述污泥含水率的概念。

答：污泥中所含水分的质量与污泥总质量之比的百分数称为污泥含水率。污泥体积和含水率的关系可用如下公式表示：

$$V_1/V_2 = (100 - P_2)/(100 - P_1)$$

式中：P_1、P_2——污泥含水率(%)；

V_1、V_2——含水率为 P_1、P_2 时，所对应的污泥体积(m^3)。

7. 简述常用的污泥筛分设备及其工作原理。

答：(1)常用的污泥筛分设备为滚筒式格栅和管道式污泥除渣机。

(2)滚筒式格栅工作原理：污泥进入滚筒式格栅后，在重力作用下，污泥经过网板上的圆孔汇入格栅下的箱体，并从排泥口流出。此时，污泥中的杂质被截留在滚筒网板内部，在滚筒旋转过程中，利用滚筒网板内壁上的螺旋叶片逐渐将杂质推出格栅。

(3)管道式污泥除渣机是一个管状水平安装的粗大杂质分离器，可实现连续过滤、排泥和传输、压榨固体栅渣，主要由进料管、驱动区、过滤区、压榨区，及带锥形调节装置的卸料区组成。由泵把待处理介质注入过滤区，然后通过排放管排入下一步流程。截留在过滤区表面的粗大杂质被螺旋杆输入压榨区，经压榨后排出。

8. 简述热水解处理的特点。

答：(1)提高了消化效率。温度和压力效果使有机物溶解，加快生物降解。闪蒸气爆效果使污泥颗粒变小，增大生物反应的表面积。

(2)改善了污泥性能。通过热水解降低了污泥黏度，降低了搅拌功率，实现了高含固量消化，减少了消化池体积，进而减少投资费用。

(3)提高了污泥稳定化程度，改善了脱水性能。

(4)改善了消化环境。

(5)达到了无害化要求。

9. 简述离心脱水机与带式压滤机相比的优点。

答：(1)离心脱水机利用离心沉降原理，使固液分离，由于没有滤网，不会引起堵塞；而带式压滤机利用滤带使固液分离，为防止滤带堵塞，须用高压水不断冲刷。

(2)离心脱水机占用空间小，安装调试简单，配套设备仅有加药和进出料输送机，整机全密封操作，车间环境好；而带式压滤机占地面积大，配套设备除加药和进出料输送机外，还需冲洗泵、空压机、污泥调理器等，整机密封性差，高压清洗水雾和臭味污染环境，如管理不好，会造成泥浆四溢。

10. 当工作机械的电动机因过载而自动停机后，操作者立即按启动按钮，但未能启动电动机。简述其中原因。

答：因为电动机过载后，热继电器过热动作使控制电路断电。当过载后立即启动电动机，因热继电器未及时恢复，控制电路无电，故不能启动电动机。

11. 简述压力变送器校验过程中所需的校准工具。

答：手操压力泵、精密压力表、直流24V电源、精密万用表、精密电流表。

12. 简述静压液位计校准过程中使用的主要工具。

答：手操压力泵、直流24V电源、精密电流表、精密压力表、精密万用表。

13. 简述质量流量计安装的注意事项。

答：(1)质量流量计只能用于检测管路流量。

(2)质量流量计不能显示正反流量方向。

(3)质量流量计测量管内有阻碍流动的部件，如被测管道内有异物，会影响测量结果甚至造成流量计损坏。

(4)质量流量计对于安装位置有一定要求，一般安装于管道直管段、无变径位置。

(5)通常要求在质量流量计的前端安装长度为流量计通径5倍的直管段，后端安装长度为流量计通径3倍的直管段。

四、计算题

1. 泵的流量为$400m^3/h$，扬程为$30m$，功率为$45kW$，求泵的效率。

解：$N_e = \rho \times Q \times H/102 = 1000 \times 400 \times 30/(102 \times 3600) \approx 32.7kW$

$\eta = N_e/N \times 100\% = 32.7/45 \times 100\% \approx 72.7\%$

2. 某污水处理厂进水BOD_5和SS分别为$200mg/L$和$325mg/L$，处理后出水BOD_5和SS分别为$120mg/L$和$26mg/L$，求BOD_5和SS的去除率。

解：去除率$=(C_{进}-C_{出})/C_{进} \times 100\%$

BOD_5去除率$=(200-120)/200 \times 100\% = 40\%$

SS去除率$=(325-26)/325 \times 100\% = 92\%$

3. 某污水处理厂污泥采用带式压滤机脱水，采用阳离子PAM进行污泥调质。试验确定干污泥投药量为0.35%，脱水前污泥含固量为4.5%，计算污泥量为$1800m^3/d$时，每天所需投加的PAM总药量。

解：已知$Q=1800m^3/d$，$C_0=4.5\%=45kg/m^3$，$f=0.35\%$；污泥调质所需投加的阳离子PAM总药量为：

$M = Q \times C_0 \times f = 1800 \times 45 \times 0.35\% = 283.5kg/d$

4. 某消化系统的日产沼气量为50000m³，其中沼气成分中甲烷含量为65%（体积百分比）、二氧化碳含量为30%（体积百分比）、硫化氢含量为0.1%（体积百分比）。求经过沼气净化后能利用的沼气量。

解：沼气中能利用的成分主要是甲烷和二氧化碳。

甲烷气量 = 50000 × 65% = 32500m³

二氧化碳气量 = 50000 × 30% = 15000m³

5. 某污水处理厂每日平均产生含水率为99.4%的剩余活性污泥6000m³，经浓缩池浓缩到96.4%，其体积是多少？通过离心脱水机使含水率降低为80%，其体积是多少？经后期处理使含水率降低为58%，达到污泥混合填埋标准后，送入垃圾填埋场填埋，其体积是多少？

解：由公式 $V_2/V_1 = (1-P_1)/(1-P_2)$，得出：

含水率为96.4%时，污泥体积缩小为：6000 × [(1-99.4%)/(1-96.4%)] = 1000m³

含水率为80%时，污泥体积缩小为：6000 × [(1-99.4%)/(1-80%)] = 180m³

含水率为58%时，污泥体积缩小为：6000 × [(1-99.4%)/(1-58%)] ≈ 85.7m³

6. 某污水处理厂进水量为4000m³/h，初沉池进水SS浓度为300mg/L，出水SS浓度为100mg/L，初沉排泥含水率为98%，污泥进入污泥脱水间，经过离心机脱水后，含水率为80%。求初沉池日排放污泥量和污泥脱水间每日产泥量。

解：初沉池日排放污泥量 = 300 - 100 = 200mg/L = 200g/m³

初沉池日产泥量干重 = 200 × 4000 × 24 = 19.2t，初沉池日排放污泥量 = 19.2/(1-98%) = 960t

不考虑固体回收率的影响，污泥脱水间每日产泥量 = 19.2/(1-80%) = 96t

7. 某污泥处理中心采用热水解技术进行污泥预处理，该中心每日处理含水率为80%的污泥1000t，热水解浆化罐出泥含水率为86.5%。热水解系统共3条线，每条线有5个反应罐。如果全部投入运行，每个反应罐的进泥量为8m³。求该中心热水解全天的水解批次。（结果取整数。）

解：按照处理干泥量计算反应批次：

每个反应罐进泥干固量 = 8 × (1-86.5%) = 1.08t

全天热水解批次 = 1000 × (1-80%)/1.08 ≈ 185次

8. 某污水处理厂采用离心机进行污泥脱水，每日处理原泥量为5000m³，原泥含水率为97%，脱水后泥饼量为800t，含水率为82%，求该厂离心脱水机的固体回收率是否达标（回收率应为95%以上）。

解：由公式固体回收率 η = 脱水污泥中的干泥重/进泥的干泥重 × 100%，得：

η = [800 × (1-82%)]/[5000 × (1-97%)] × 100% = 144/150 × 100% = 96% > 95%

故该厂离心脱水机的固体回收率达标。

9. 已知消化池进泥量为500m³/d，进泥含水率为96%，有机份含量为65%；消化池排泥量为500m³/d，含水率为97%，有机份含量为45%。求消化池的有机分解率。

解：消化池进泥有机物含量 = 500 × (1-96%) × 65% = 13t/d

消化池出泥有机物含量 = 500 × (1-97%) × 45% = 6.75t/d

有机分解率 = (13-6.75)/13 × 100% ≈ 48%

第三节　操作知识

一、单选题

1. 滚筒格栅应至少（　　）检查1次喷嘴喷射角度和喷射压力情况。
A. 1周　　　　　　B. 1个月　　　　　　C. 1个季度　　　　　　D. 1年
答案：D

2. 滚筒格栅应至少（　　）检查1次密封件腐蚀磨损情况，至少（　　）检查1次溢流液位传感器是否失效。
A. 1周，1周　　　B. 1个月，1个月　　C. 1个季度，1个季度　　D. 1年，1年
答案：C

3. 污泥旋流除砂器在运行中，至少（　　）检查1次衬板磨损情况。

A. 1周　　　　　　　B. 1个月　　　　　　　C. 1个季度　　　　　　D. 1年
答案：B

4. 带式浓缩机在运行过程中，至少（　　）对轴承进行1次润滑，至少（　　）对气动系统润滑部位进行1次润滑。
A. 1周，1周　　　　B. 1个月，1个月　　　C. 1个季度，1个季度　　D. 1年，1年
答案：B

5. 带式浓缩机在运行过程中，至少（　　）检查1次网带磨损情况，并及时更换。
A. 1周　　　　　　　B. 1个月　　　　　　　C. 1个季度　　　　　　D. 1年
答案：B

6. 带式浓缩机在运行过程中，至少（　　）检查1次进泥及冲洗水槽的密封条是否泄漏。
A. 1周　　　　　　　B. 1个月　　　　　　　C. 1个季度　　　　　　D. 1年
答案：C

7. 带式浓缩机在运行过程中，至少（　　）检查1次限位开关动作是否灵敏。
A. 1周　　　　　　　B. 1个月　　　　　　　C. 1个季度　　　　　　D. 1年
答案：A

8. 离心浓缩机在运行过程中，至少（　　）检查1次电机轴承，并注油清扫；至少（　　）检查1次油封、油液有无异响，并清扫灰尘。
A. 1周，1周　　　　B. 1个月，1个季度　　　C. 1个季度，1个月　　　D. 1年，1年
答案：B

9. 转鼓浓缩机在运行过程中，至少（　　）检查1次网筛清洗刷的磨损情况。
A. 1周　　　　　　　B. 1个月　　　　　　　C. 1个季度　　　　　　D. 1年
答案：B

10. 下列描述错误的是（　　）。
A. 生产运行记录均由经过培训的运行人员填写
B. 在记录的填写中，出现笔误后，要在笔误的文字或数据上，用原使用的笔画一斜线（/），再在笔误处的上行间或下行间填上正确的文字或数值
C. 记录中的每项数据填写无须统一位数
D. 凡记录中涉及的计量单位必须是国家法定计量单位，要求以规范形式填写
答案：C

11. 下列关于污泥处理浓缩工序运行记录错误的是（　　）。
A. 浓缩池排泥量　　B. 浓缩机运行情况　　C. 溢流情况　　D. 回流量
答案：D

12. 下列是某厂某日离心机的运行报表内容，描述错误的是（　　）。
A. 离心机进泥量　　B. 絮凝剂PAM投加量　　C. 助凝剂PAC投加量　　D. 用电量
答案：C

13. 下列生产成本核算中属于动力费用的是（　　）。
A. 电费　　　　　　B. 材料费　　　　　　C. 水费　　　　　　D. 维修费
答案：A

14. 下列属于污泥处理成本中的材料费的是（　　）。
A. 热力费　　　　　B. 生产用水费　　　　C. 絮凝剂药费　　　　D. 大修费
答案：C

15. 统计报表分为年度统计报表、（　　）统计报表和月度统计报表。
A. 每半年　　　　　B. 每季度　　　　　　C. 每5年　　　　　　D. 每2个月
答案：B

16. 统计报表的数据来自（　　）。
A. 故障记录　　　　B. 运行值班记录　　　C. 运行总结　　　　　D. 月度计划

答案：B

17. 初沉污泥在正常情况下为（　　）。
A. 棕褐色略带灰色　　　B. 黄色　　　　　　C. 灰色　　　　　　D. 黑色
答案：A

18. 初沉污泥的 pH 一般为（　　），略显酸性。
A. 4.5～6.5　　　B. 5.5～6.5　　　C. 5.5～7.5　　　D. 6.5～8.5
答案：C

19. 初沉污泥含固量一般为 2%～4%，常为 3% 左右，具体取决于（　　）。
A. 初沉池进水 SS 情况　　B. 初沉池排泥操作　　C. 初沉池泥位情况　　D. 初沉池水力负荷
答案：B

20. 转鼓浓缩工艺的主要控制参数是控制浓缩机的加药量和进泥量，通过观察（　　）来调整。
A. 絮团和滤液情况　　　　　　　　B. 转鼓运转情况
C. 进泥泥质　　　　　　　　　　　D. 出泥含水率
答案：A

21. 消化池排泥方式一般为（　　）。
A. 泵排泥　　　B. 排泥阀排泥　　　C. 静压排泥　　　D. 以上全都是
答案：D

22. 下列处理工序中应重点关注污泥处理前后含水率变化的是（　　）。
A. 污泥热水解　　　B. 污泥厌氧消化　　　C. 污泥堆肥　　　D. 污泥筛分
答案：C

23. 某日，当班人员发现消化池液位较正常工作液位要低 1m。下列分析比较合理的是（　　）。
A. 消化池进泥量较计划量少，应检查消化池的进泥泵
B. 消化池排泥量大于进泥量，应检查消化池的排泥泵和进泥泵
C. 消化池顶部有浮渣
D. 消化池顶部有泡沫
答案：B

24. 下列关于干式脱硫的描述不正确的是（　　）。
A. 干式脱硫一般采用常压氧化铁脱硫
B. 利用氧化铁屑（或铁粉）和木屑制成的脱硫剂，或经氧化处理的铸铁屑做脱硫剂，填充于脱硫装置中
C. 有时还须要添加木屑作为疏松剂
D. 脱硫剂失效后，不可再生后使用
答案：D

25. 关于重力带式浓缩机在运行中经常出现网带变松弛的原因，下列说法不正确的是（　　）。
A. 网带液压装置可能漏油　　　　　　B. 网带调偏，气缸可能漏气
C. 网带压力调整器出现故障　　　　　D. 浓缩机进泥泥质出现异常
答案：D

26. 运行人员在计算机监控中发现重力浓缩池的排泥泵出现过载报警，主要的原因是（　　）。
A. 排泥泵出现堵塞　　　　　　　　　B. 浓缩池的进泥种类由初沉污泥调整为剩余污泥
C. 浓缩池进泥的含水率可能明显提高　D. 浓缩池进泥的有机份肯定减少了
答案：A

27. 污泥一级消化的停留时间一般控制在（　　）左右。
A. 10d　　　B. 20d　　　C. 40d　　　D. 50d
答案：B

28. 下列属于重力式浓缩池主要控制参数的是（　　）。
A. 分离率　　　B. 浓缩倍数　　　C. 固体通量　　　D. 固体回收率
答案：C

29. 转鼓机械浓缩,是将经化学混凝的污泥进行螺旋推进脱水和挤压脱水,使污泥含水率降低的一种简便高效的机械设备。下列说法不正确的是( )。
   A. 转鼓浓缩机的主要构造是一根安装在圆柱形筛框内的运输螺杆,转速可调整
   B. 通过自由重力,清水将从网隙内过滤
   C. 截留在筛网内的固体物质将通过运输螺杆缓慢运向排泥口
   D. 过滤筛框不用定期冲洗清洁
   答案:D

30. 浓缩工艺中,除重力浓缩外,一般都采用( )进行污泥调质以提高浓缩效果。
   A. 填料   B. 混凝剂   C. 絮凝剂   D. 碱
   答案:C

31. 下列沼气处理设施通常配置安全压力释放阀的是( )。
   A. 干式脱硫塔   B. 沼气冷凝水罐   C. 沼气砾石过滤器   D. 沼气柜
   答案:D

32. 关于消化池沼气收集系统,下列描述正确的是( )。
   A. 沼气一般从消化池顶部的集气罩的最高处用管道引出
   B. 集气罩采用固定或浮动的方式
   C. 一般与集气罩连接的沼气管上设有阻火器
   D. 以上全都正确
   答案:D

33. 下列能使电动阀自动停止的机构是( )。
   A. 手/电动连锁机构   B. 现场操作机构   C. 行程控制机构   D. 手动操作机构
   答案:C

34. 锅炉燃气系统在蒸汽管上,设置( )以去除冷凝水。
   A. 真空破坏阀   B. 空气阀   C. 放空阀   D. 疏水器
   答案:D

35. 用变送器的输出直接控制调节阀能否起调节作用应( )。
   A. 视操作工能力而定   B. 视操作水平而定   C. 视控制要求而定   D. 视生产能力而定
   答案:C

36. 关于沼气存储系统,下列描述正确的是( )。
   A. 为了稳定消化系统的压力,须调节产气量和用气量之间的波动
   B. 为了防止腐蚀,储气柜内部必须进行防腐处理,一般涂防腐涂料
   C. 为了减少太阳照射、气体受热引起的容积增加,储气柜外侧一般涂反色涂料
   D. 以上全都正确
   答案:D

二、多选题

1. 污水处理厂长期停运,设备应( )。
   A. 定期运转   B. 点动开机   C. 北方冬季防冻   D. 每天加油
   答案:ABC

2. 针对带式压滤脱水机的维护与保养,下列描述正确的是( )。
   A. 每班次检查压滤机上的絮团情况,有必要时调整加药量
   B. 每班次清除进泥口和污泥分布区的多余污泥
   C. 每班次检查滤带运行、清洗系统的运行情况
   D. 每周观察辊子表面堆积的污泥情况
   答案:ABC

3. 针对转鼓浓缩机的维护与润滑,下列描述正确的是( )。

A. 每月更换污泥浓缩机主驱动电机齿轮箱润滑油
B. 每年更换反应罐搅拌器电机齿轮箱润滑油
C. 每年更换网筛清洁装置电机齿轮箱润滑油
D. 每季度冲洗网筛喷淋装置限位开关挡板、链轮，确保喷淋装置两侧行走到位
答案：BC

4. 针对隔膜压滤机的维护与润滑，下列描述正确的是(　　)。
A. 每月向电机轴承注油并清扫轴承
B. 每月向轴承座加注润滑脂
C. 每年向拉板电机减速机加注 ISO VG200 齿轮油
D. 每周向拉板小车油盒加注润滑油
答案：ACD

5. 下列生产成本核算中属于污泥处理材料费用的是(　　)。
A. 絮凝剂费用　　B. 脱硫剂氧化铁费用　　C. 氢氧化钠费用　　D. 甲醇费用
答案：AB

6. 统计报表一般包括综合类、(　　)等。
A. 动力类　　B. 设施类　　C. 设备类　　D. 材料类
答案：BCD

7. 下列关于消化池运行记录的记录内容正确的是(　　)。
A. 消化池运行压力　B. 消化池污泥 pH　C. 消化池搅拌器运行状态　D. 消化池沼气流量
答案：ABCD

8. 设备类报表包括(　　)等。
A. 固定资产年度台账　B. 设备总台数　C. 设备使用现状　D. 设备故障和维修情况
答案：BCD

9. 铂电阻温度计进行校验的过程中所需要的主要工具是(　　)。
A. 水槽　　B. 热源　　C. 精密万用表　　D. 精密水银温度计
答案：ABCD

10. 压力变送器日常维护过程中的注意事项有(　　)。
A. 检查导压管及安装孔，传感器在安装和拆卸过程中，螺纹部分容易受到磨损
B. 保持安装孔和导压管的清洁，如在维护过程中发现压力变送器感应器有某些部分有液体或渣滓累积，须及时清洁
C. 评估目前的安装位置是否适合继续使用，如有必要，在减少维护周期、保证仪表数据正确的同时，应考虑更改安装位置，保证仪表的长时间稳定、有效运行
D. 如果在高温蒸汽等危险传输截止管道，应做好相关防护措施后，再进行日常的维护工作
答案：ABCD

11. 脱水机药泵开启后流量计无读数，可能的原因有(　　)。
A. 药泵前后阀门未开　　　　　　B. 电磁流量计故障
C. 药泵出口止回阀堵塞　　　　　D. 药泵故障
答案：ABCD

12. 下列会导致带式脱水机冲洗水泵无法开启的原因有(　　)。
A. 冲洗池内液位低　　　　　　　B. 保护开关已断开
C. 冲洗滤芯堵塞　　　　　　　　D. 冲洗泵就地控制箱、机旁控制箱急停中
答案：ABD

13. 设备仪表的一般日常维护工作应包括(　　)。
A. 电机和驱动设备的维护　　　　B. 各种仪表的维护
C. 水泵及阀门的维护　　　　　　D. 润滑、密封、机械轴封和维护工具的维护
答案：ABCD

14. 下列属于运行总结的内容的是(　　)。
 A. 生产指标的完成情况　　　　　　　　　B. 主要设备设施的运行情况
 C. 主要材料的消耗情况　　　　　　　　　D. 主要动力能源的消耗情况
 答案：ABCD

15. 城镇污水处理厂生产计划的编制，按照时间分为(　　)生产计划和(　　)生产计划两类。
 A. 5 年　　　　　B. 年度　　　　　C. 季度　　　　　D. 月度
 答案：BD

16. 污泥处理处置区域的运行记录应包括污泥筛分、洗砂、(　　)等处理工序。
 A. 均质　　　　　B. 浓缩　　　　　C. 除砂　　　　　D. 脱水
 答案：ABD

17. 造成单螺杆泵流量降低的原因有(　　)。
 A. 电机工作电压低　　B. 进泥管道堵塞　　C. 定子或转子磨损严重
 D. 阀门开度大　　　　E. 泵体或吸入管漏气
 答案：ABCE

18. 下列会导致离心机电动机过载的原因有(　　)。
 A. 转速高于额定转速　　　　　　　　　　B. 水泵流量过大、扬程低
 C. 电动机或水泵发生机械损坏　　　　　　D. 基础松软
 答案：ABC

19. 下列可能导致脱水机泥泵无法开启的原因有(　　)。
 A. 干保护器动作报警　　B. 控制开关跳闸　　C. 储泥池液位低　　D. 泥泵发生故障
 答案：ABCD

三、简答题

1. 统计报表应依据生产运行及维护、维修记录，全面反映城镇污水处理厂的运行情况。简述统计报表的内容。

答：统计报表一般包括综合类、设备类、设施类、材料类等。综合类统计报表包括能源消耗报表、基础设备设施和固定资产年度台账等。设备类统计报表包括设备总台数、现况使用情况、设备故障和维修情况等。设施类统计报表包括设施整体台账、维修维护台账等。材料类统计报表包括材料的出入库数量、材料计划等。

2. 简述离心机操作过程中的常见故障、故障原因和解决方法。

答：(1)常见故障：振动过大。
原因分析：地脚螺栓松动、转鼓内有杂物、冲洗水压力低。
解决措施：紧固地脚螺栓，未冲洗干净的冲洗1遍，检查冲洗水泵。
(2)常见故障：轴承温度过高。
原因分析：缺少润滑油、轴承损坏。
解决措施：补加润滑油，更换轴承。
(3)常见故障：离心机内部堵塞。
原因分析：配电室突然停电、设备急停。
解决措施：手动开启泥水分离阀门和液压站，用低转速缓慢开启，逐步增加转速，从而将内部污泥全部运转出去。当液压站压力达到10MPa以下后，关闭泥水分离阀门，打开冲洗水泵和出水阀门进行冲洗。冲洗20～30min(此时如果压力有上涨波动，应及时关闭冲洗水泵，开启泥水分离阀门，交替操作)，方可恢复自动运行。

3. 班组在巡视中发现，沼气锅炉尾气二氧化硫味道明显变大。简述出现问题的环节和应该采取的措施。

答：(1)检查沼气锅炉运行是否正常。
(2)通过便携仪表检测锅炉进气硫化氢浓度是否超标。
(3)若硫化氢浓度超标，说明沼气脱硫效果变差，须检查脱硫系统运行是否正常。
(4)检测脱硫出气硫化氢浓度，若超标，应及时切换备用脱硫系统。

4. 简述转鼓浓缩机的重点维护和保养内容。

答：(1)每天检查絮凝反应罐的探头是否粘泥。

(2)每天检查出泥斗的探头是否粘泥。

(3)每月检查网筛清洗刷的磨损情况。

(4)每半年检查链条、链轮的磨损情况。

(5)每半年检查网筛轴承的磨损情况。

四、实操题

1. 简述对板框脱水机各润滑点位进行实操的方法。

答：(1)拉板小车油盒：加注润滑油。

(2)链轮、链条：加1次EP320润滑油。

(3)电机、电机轴承：注油、清扫。

(4)轴承座：加注润滑脂。

(5)拉板电机减速机：加注ISO VG200齿轮油。

2. 简述管线切换的方法。

答：(1)确认停止和需要运行的管道所涉及的设备是否停止。

(2)停止设备运行后，先打开需要投运的管线阀门。

(3)再关闭需要停运的管线阀门。

(4)点动运行管线相关设备，查看管线是否泄漏或振动。

(5)如果管线正常，投运所涉及的设备。

3. 假设作为热水解班组的一名员工，简述带领一名员工进行例行巡视的内容。

答：(1)填写班前5分钟讲话记录，为新员工介绍工艺的主要危险源。

(2)佩戴劳动防护用品。

(3)携带有毒气体监测仪器。

(4)开始下列巡视：

①巡查料仓配电室和热交换间配电室，看运行信号是否正常，有无异常情况。

②巡查料仓底部是否有渗漏，中部液压站、滑架、螺杆泵的工作状况，顶部阀门、料位计、冲洗水泵运行是否正常。重点查看污泥管线、润滑油、冲洗水管线是否有泄漏。

③巡视热水解生产线，观察有无工艺气、蒸汽和污泥泄漏，注意预防高温烫伤和压力释放。注意佩戴高温防护用品。

④巡查热交换间循环泵、温度、压力、流量、稀释水箱液位是否正常，管线有无振动、泄漏情况。重点检查润滑油油位、软化水管道压力是否正常。

4. 简述检查带式压滤机的重点部位的方法。

答：(1)冲洗水嘴：检查冲洗水嘴是否损坏、堵塞。

(2)轴承：检查轴承润滑情况是否良好。

(3)气动系统：检查气动系统是否润滑良好。

(4)限位开关：检查限位开关动作是否灵敏。

(5)冲洗水压力：检查冲洗水压力是否大于0.6MPa。

(6)网带：检查网带是否跑偏、撕裂、磨损、产生褶皱。

(7)气缸：检查气缸是否漏气，呼吸器是否堵塞。

5. 简述校准在线电阻式温度计的方法。

答：(1)拆下电阻式温度计。

(2)将经过热源加热的水注入容器内，将玻璃温度计固定在水槽内。

(3)在与温度计探头同一深度上，用万用表测量变送器阻值，并记录当时水温（如在0℃时，阻值为100Ω）。

(4)对应电阻分度表测量多个温度点的探头温度电阻值。

(5)检验所测的探头线性误差是否在规定范围内。如超出误差规定范围(相对误差在0.25%之内为合格),应根据超出的范围接一个恒定值的电阻,如误差过大则应更换探头。

第三章

高 级 工

第一节　安全知识

一、单选题

1. 下列不属于危险源防范措施中人为失误的是(　　)。
   A. 操作失误　　　　B. 懒散　　　　C. 未正确佩戴安全帽　　D. 遵守规章制度
   答案：D

2. 下列不属于有限空间作业应急救援须佩戴的装备是(　　)。
   A. 安全帽　　　　B. 正压呼吸器　　　　C. 过滤式面具　　　　D. 安全带
   答案：C

3. 有限空间作业安全管理方面的措施不包括(　　)。
   A. 装备配备　　　　B. 作业审批　　　　C. 培训教育　　　　D. 现场检查
   答案：D

4. 进入前应先检测确认有限空间内有害物质浓度，作业前(　　)，应再次对有限空间有害物质浓度采样，分析合格后方可进入有限空间。
   A. 10min　　　　B. 20min　　　　C. 30min　　　　D. 40min
   答案：C

5. 可能存在或可能产生有毒气体或缺氧条件的环境为(　　)。
   A. 潮湿或有水源部位　　B. 储气罐　　　　C. 干涸的河道　　　　D. 维修车间
   答案：A

6. 对日常操作中存在的(　　)提前告知，使职工熟悉伤害类型与控制措施。
   A. 安全隐患　　　　B. 注意事项　　　　C. 危险源　　　　D. 岗位职责
   答案：C

7. 下列不属于作业人员对危险源的日常管理的是(　　)。
   A. 严格贯彻执行有关危险源日常管理的规章制度
   B. 做好安全值班和交接班
   C. 按安全操作规程进行操作
   D. 上岗前由班组长查看值班人员精神状态
   答案：D

8. 在有限空间作业，(　　)应当监督作业人员按照方案进行作业准备。
   A. 现场作业人员　　B. 现场监护人员　　C. 现场负责人　　D. 项目负责人
   答案：C

9. 工贸企业应当按照有限空间作业方案，明确作业现场负责人、监护人员、作业人员及其(　　)。

A. 安全职责　　　　B. 工作任务　　　　C. 上级指示　　　　D. 自身岗位
答案：A

10. 下列对危险源防范的技术控制措施描述正确的是(　　)。
A. 除系统中的危险源,可以从根本上防止事故的发生;按照现代安全工程的观点,可以彻底消除所有危险源
B. 当操作者失误或设备运行达到危险状态时,应通过连锁装置终止危险、危害发生
C. 在所有作业区域应设置醒目的安全色、安全标志,必要时,设置声、光或声光组合报警装置
D. 选择降温措施、避雷装置、消除静电装置、减震装置等属于危险源防范措施中的消除措施
答案：B

11. 工贸企业应当根据有限空间存在危险有害因素的种类和危害程度,为作业人员提供符合国家标准或者行业标准规定的(　　)。
A. 应急救援物资　　　　　　　　B. 安全防护设施
C. 劳动防护用品　　　　　　　　D. 良好的作业环境
答案：C

12. 对于有限空间现场操作的说法正确的是(　　)。
A. 有限空间作业活动中,不允许存在交叉作业,以免发生互相伤害。
B. 有限空间作业结束后,作业人员应当对作业现场进行清理,撤离作业人员。
C. 有限空间作业现场应明确监护人员和作业人员,监护人员应在有限空间内进行,不得离开作业现场,并与作业人员保持联系。
D. 在有限空间外敞面醒目处,设置警戒区、警戒线、警戒标志,未经许可,不得入内。
答案：D

13. 将有限空间作业发包给其他单位实施的,下列描述中正确的是(　　)。
A. 生产经营单位可将有限空间施工作业发包给具有相应建筑资质的承包商
B. 应与承包方签订专门的安全生产管理协议或者在承包合同中明确受限空间作业中的安全责任全部由发包方承担
C. 将有限空间作业交给承包方进行的,生产经营单位无须对作业过程中的安全进行管理
D. 存在多个承包方时,生产经营单位应当对承包方的安全生产工作进行统一协调、管理
答案：D

14. 下列不属于有限空间应急救援器材的是(　　)。
A. 呼吸器　　　　B. 防毒面罩　　　　C. 气体检测仪　　　　D. 安全绳索
答案：C

15. 应掌握相关有限空间应急预案内容,并定期进行演练的人员不包括(　　)。
A. 现场负责人　　　　B. 其他作业人员　　　　C. 监护人员　　　　D. 应急救援人员
答案：B

16. 有限空间作业中发生事故后,现场有关人员应当立即(　　)。
A. 报警　　　　B. 施救　　　　C. 报告上级　　　　D. 远离现场
答案：A

17. 污水处理过程中应用多种电气设备,发生触电伤害事故的原因包括(　　)。
A. 电气设备质量不合格
B. 电气设备安装不恰当、使用不合理、维修不及时
C. 工作人员操作不规范等
D. 以上均正确
答案：D

18. 下列不属于危险源防范的防护措施的是(　　)。
A. 使用安全阀　　　　B. 安装漏电保护装置　　　　C. 使用安全电压　　　　D. 设置安全罩
答案：D

19. 有限空间作业前应对从事有限空间作业人员进行( )，包括作业内容、职业危害等内容。
A. 危害告知　　　　　B. 风险告知　　　　　C. 培训教育　　　　　D. 安全交底
答案：C

20. 有限空间作业前应对紧急情况下的( )进行教育。
A. 个人避险常识　　　　　　　　　　B. 中毒窒息
C. 其他伤害的应急救援措施　　　　　D. 以上均正确
答案：D

21. 以下有限空间作业描述不正确的是( )。
A. 生产经营单位应建立有限空间作业审批制度、有限空间安全设施监管制度
B. 三不进入，即未进行通风不进入，未实施监测不进入，监护人员未到位不进入
C. 检测人员不必采取相应的安全防护措施，因为检测人员在有限空间外进行检测
D. 作业过程中应对气体进行连续监测，避免突发风险，一旦出现报警，有限空间内作业人员需马上撤离
答案：C

22. 下列描述不属于有限空间现场管理的要求的是( )。
A. 设置明显的安全警示标志和警示说明
B. 作业前清点作业人员和工器具
C. 作业人员与外部有可靠的通讯联络
D. 发现通风设备停止运转，应指派一名作业人员对风机进行检查，确保风机设备无故障
答案：D

23. 防止触电技术措施包括( )。
A. 直接触电防护措施与间接触电防护措施　　　B. 个体防护和隔离防护
C. 屏蔽措施和安全提示　　　　　　　　　　　D. 安全电压和教育培训
答案：A

24. 采用悬架或沿墙架设时，房内不得低于( )，房外不得低于4.5m，确保电线下的行人、行车、用电设备安全。
A. 1.75m　　　　　B. 2m　　　　　C. 2.25m　　　　　D. 2.5m
答案：D

25. 以下应急措施描述不正确的有( )。
A. 发生高空坠落事故后，现场知情人应当立即采取措施，切断或隔离危险源，防止救援过程中发生次生灾害
B. 遇有创伤性出血的伤员，应迅速包扎止血，使伤员保持在头高脚低的卧位，并注意保暖
C. 当发生人员轻伤时，现场人员应采取防止受伤人员大量失血、休克、昏迷等的紧急救护措施
D. 如果伤者处于昏迷状态但呼吸心跳未停止，应立即进行口对口人工呼吸，同时进行胸外心脏按压。昏迷者应平卧，面部转向一侧，维持呼吸道通畅，防止分泌物、呕吐物吸入
答案：B

26. 出血有动脉出血、静脉出血和毛细血管出血。动脉出血呈( )色，喷射而出。
A. 鲜红　　　　　B. 暗红　　　　　C. 棕红　　　　　D. 以上均不正确
答案：A

27. 胸外心脏按压的按压频率为( )。
A. 60~70次/min　　　B. 70~80次/min　　　C. 80~100次/min　　　D. 至少100次/min
答案：C

28. ( )是最常用的伤员搬运方法，适用于路程长、病情重的伤员。
A. 担架搬运法　　　　　　　　　　B. 单人徒手搬运法
C. 双人徒手搬运法　　　　　　　　D. 背负搬运法
答案：A

29. 溺水救援中，( )指救援者直接向落水者伸手将淹溺者拽出水面的救援方法。

A. 伸手救援　　　　B. 藉物救援　　　　C. 抛物救援　　　　D. 下水救援

答案：A

30. 采用紫外消毒系统时，人工清洗玻璃套管应（　　）。
 A. 戴棉手套和防护眼镜　　　　　　　　B. 戴橡胶手套和防护眼镜
 C. 穿下水工作服并戴防护眼镜　　　　　D. 穿下水工作服并戴棉手套

答案：B

31. 一般（　　）使用临时线。
 A. 禁止　　　　　B. 可以　　　　　C. 必须　　　　　D. 视情况而定是否

答案：A

32. 关于安全用电，以下描述不正确的是（　　）。
 A. 临时线路不得有裸露线，电气和电源相接处应设开关、插座，露天的开关应装在箱匣内保持牢固，防止漏电，临时线路必须保证绝缘性良好，使用负荷正确
 B. 设备中的保险丝或线路当中的保险丝损坏后可以用铜线、铝线、铁线代替，空气开关损坏后应立即更换，保险丝和空气开关的大小一定要与用电容量相匹配，否则容易造成触电或电气火灾
 C. 各种机电设备上的信号装置、防护装置、保险装置应经常检查其灵敏性，保持齐全有效，不准任意拆除或挪用配套的设备
 D. 一定要按临时用电要求安装线路，严禁私接乱拉，先把设备端的线接好后才能接电源，还应按规定时间拆除

答案：B

33. 以下关于危险化学品储存的描述不正确的是（　　）。
 A. 危险化学品在特殊情况下可与其他物资混合储存
 B. 堆垛不得过高、过密
 C. 应该分类、分堆储存
 D. 堆垛之间以及堆垛于墙壁之间，应该留出一定间距、通道及通风口

答案：A

34. 性质不稳定、容易分解和变质以及混有杂质而容易引起燃烧、爆炸危险的危险化学品，应该进行检查、测温、化验，防止（　　）。
 A. 受污染　　　　B. 汽化　　　　C. 自燃与爆炸　　　　D. 超压

答案：C

35. 安全阀在（　　）时起跳，主要作用是保护设备，管线不受损害。
 A. 泄漏　　　　　B. 鉴定　　　　C. 放空　　　　　D. 超压

答案：D

36. 关于危险化学品的一般安全规程，以下描述正确的是（　　）。
 A. 危险化学品的使用无须考虑用量，但必须做好登记
 B. 使用人员不需提前了解危险化学品的特性，但必须正确穿戴、使用各种安全防护用品用具
 C. 使用人员做好个人安全防护工作，严格按照危险化学品操作规程操作
 D. 使用过程中暂存危险化学品的，应在固定地点混合存放

答案：C

37. 对废弃的危险化学品，应依照该化学品的特性及相关规定（　　）。
 A. 分类、同区域收集　　　　　　　　B. 混合、分区域收集
 C. 混合、同区域收集　　　　　　　　D. 分类、分区域收集

答案：D

38. 机械设备使用的基本安全要求描述不正确的是（　　）。
 A. 机械设备严禁带故障运行，千万不能凑合使用，以防出事故
 B. 紧固的物件看看是否由于振动而松动，以便重新紧固
 C. 操作前要对机械设备进行安全检查，检查后就可直接运转

D. 必须正确穿戴好个人防护用品

答案：C

39. 关于池边作业安全规程，以下描述不正确的是（　　）。

A. 遇到恶劣天气时，如雷雨天、大雪天等，不应登高作业，确因抢险须登高作业，必须采取确保安全的安全措施

B. 在曝气池上工作时，应系好安全带，因曝气池的浮力比水池低，坠入曝气池很难浮起，坠落曝气池时，必须马上拽出水面，以确保安全

C. 在水池周边工作时，应穿救生衣，以防落入水中

D. 在水池周边工作时，为了工作便利，可以单独一人操作

答案：D

40. 发现其他人坠落溺水后，应立刻（　　）。

A. 下水救援　　　B. 呼叫专业救援人员　　　C. 尽快撤离　　　D. 寻找救援设备

答案：B

41. 在水池周边工作时，不要单独1人操作，应至少（　　）人。

A. 1　　　B. 2　　　C. 3　　　D. 4

答案：B

42. 按照社会危害程度、影响范围等因素，自然灾害、事故灾难、公共卫生事件分为（　　）级。

A. 二　　　B. 三　　　C. 四　　　D. 五

答案：C

43. （　　）是企业制定安全生产规章制度的重要依据。

A. 国家法律、法规的明确要求　　　B. 劳动生产率提高的需要

C. 员工认同的需要　　　D. 市场发展的需要

答案：A

44. （　　）是开展安全管理工作的依据和规范。

A. 各项规章制度　　　B. 员工培训体系　　　C. 应急管理体系　　　D. 设备管理体系

答案：A

45. 通过制定（　　），有效发现和查明各种危险和隐患，监督各项安全制度的实施，制止违章作业，防范和整改隐患。

A. 安全生产会议制度　　　B. 安全生产教育培训制度

C. 安全生产检查制度　　　D. 职业健康方面的管理制度

答案：C

46. 无心搏患者的现场急救，需采用心肺复苏术，现场心肺复苏术一般称为ABC步骤，其中A是指（　　）。

A. 人工呼吸　　　B. 患者的意识判断和打开气道

C. 胸外心脏按压　　　D. 快速送医

答案：B

47. 无心搏患者的现场急救，需采用心肺复苏术，现场心肺复苏术一般称为ABC步骤，其中C是指（　　）。

A. 人工呼吸　　　B. 患者的意识判断和打开气道

C. 胸外心脏按压　　　D. 快速送医

答案：C

48. 关于火灾逃生自救，以下描述正确的是（　　）。

A. 身上着火，要迅速奔跑到室外

B. 室外着火，门已发烫，千万不要开门，以防大火蹿入室内，要用干燥的被褥、衣物等堵塞门窗缝

C. 若所逃生线路被大火封锁，要立即退回室内，用打手电筒、挥舞衣物、呼叫等方式向窗外发送求救信号，等待救援

D. 千万不要盲目跳楼，可利用疏散楼梯、阳台、落水管等逃生自救；也可用绳子把床单、被套撕成条状连成绳索，紧拴在桌椅上，用毛巾、布条等保护手心，顺绳滑下，或下到未着火的楼层脱离险境

答案：C

49. 止血带使用方法描述不正确的是（　　）。
A. 在伤口近心端下方先加垫
B. 急救者左手拿止血带，上端留5寸（约16.67cm），紧贴加垫处
C. 右手拿止血带长端，拉紧环绕伤肢伤口近心端上方两周，然后将止血带交左手中、食指夹紧
D. 左手中、食指夹止血带，顺着肢体下拉成环
答案：A

50. 关于使用止血带时应注意的事项，下列描述不正确的是（　　）。
A. 上止血带的部位要在创口上方（近心端），尽量靠近创口，但不宜与创口面接触
B. 在上止血带的部位，必须先衬垫绷带、布块，或绑在衣服外面，以免损伤皮下神经
C. 绑扎松紧要适宜，太松损伤神经，太紧不能止血
D. 绑扎止血带的时间要认真记录，每隔0.5h（冷天）或者1h应放松1次，放松时间1~2min。绑扎时间过长则可能引起肢端坏死、肾衰竭
答案：C

51. 防范有毒有害气体中毒的措施不包括（　　）。
A. 掌握有毒有害气体相关知识　　　　B. 正确佩戴合适的防护用品
C. 每间隔30min进行1次气体含量检测　D. 气体检测报警时，应撤离现场
答案：A

52. （　　）是指如果伤口处很脏，而且仅仅是往外渗血，为了防止细菌的深入，导致感染，则应先清洗伤口。一般可以清水或生理盐水。
A. 立刻止血　　B. 清洗伤口　　C. 给伤口消毒　　D. 快速包扎
答案：B

53. （　　）是指为了防止细菌滋生，感染伤口，应对伤口进行消毒，一般可以消毒纸巾或者消毒酒精对伤口进行清洗，可以有效地杀菌，并加速伤口的愈合。
A. 立刻止血　　B. 清洗伤口　　C. 给伤口消毒　　D. 快速包扎
答案：C

54. 根据灭火的原理，灭火的方法包括（　　）种。
A. 3　　B. 4　　C. 5　　D. 6
答案：B

55. （　　）是指将灭火剂直接喷洒在可燃物上，使可燃物的温度降低到自燃点以下，从而使燃烧停止。
A. 冷却灭火法　　B. 隔离灭火法　　C. 窒息灭火法　　D. 抑制灭火法
答案：A

56. （　　）是指将燃烧物与附近可燃物隔离或者疏散开，从而使燃烧停止。
A. 冷却灭火法　　B. 隔离灭火法　　C. 窒息灭火法　　D. 抑制灭火法
答案：B

57. （　　）是指采取适当的措施，阻止空气进入燃烧区，或惰性气体稀释空气中的氧含量，使燃烧物质缺乏或断绝氧而熄灭，适用于扑救封闭式的空间、生产设备装置及容器内的火灾。
A. 冷却灭火法　　B. 隔离灭火法　　C. 窒息灭火法　　D. 抑制灭火法
答案：C

58. 卤代烷灭火剂灭火所采用的方法是（　　）。
A. 冷却灭火法　　B. 隔离灭火法　　C. 窒息灭火法　　D. 抑制灭火法
答案：D

59. （　　）灭火器适用于扑救木、棉、毛、织物、纸张等一般可燃物质引起的火灾，但不能用于扑救油类、忌水和忌酸物质及带电设备的火灾。
A. 空气泡沫　　B. 手提式干粉　　C. 二氧化碳　　D. 酸碱
答案：D

二、多选题

1. 消除控制危险源的技术控制措施包括( )。
   A. 改进措施　　B. 隔离措施　　C. 消除措施
   D. 连锁措施　　E. 警告措施
   答案：BCDE

2. 消除控制危险源的管理控制措施包括( )。
   A. 建立危险源管理的规章制度　　B. 加强教育培训　　C. 定期检查及日常管理
   D. 定期配备劳动防护用品　　E. 加强预案演练
   答案：ABC

3. 落实《中华人民共和国安全生产法》中安全教育培训的要求，通过( )等方式提高职工的安全意识，增强职工的安全操作技能，避免职业危害。
   A. 新员工培训　　B. 调岗员工培训　　C. 复工员工培训
   D. 日常培训　　E. 离岗培训
   答案：ABCD

4. 经常对从事高处作业人员进行观察检查，一旦发现不安全情况，及时进行( )。
   A. 心理疏导　　B. 消除心理压力　　C. 调离岗位
   D. 辞退该员工　　E. 教育培训
   答案：ABC

5. 防范机械伤害的措施有( )。
   A. 远离机械设备　　B. 建立健全安全操作规程和规章制度
   C. 做好三级安全教育和业务技术培训、考核　　D. 正确穿戴个人防护用品
   E. 定期进行安全检查或巡回检查
   答案：BCDE

6. 对运行中的生产设备或零部件超过极限位置，应配置( )。
   A. 限位装置　　B. 限速装置　　C. 防坠落
   D. 防逆转装置　　E. 防爆炸装置
   答案：ABCD

7. 在职业活动中可能引起死亡、失去知觉、丧失逃生及自救能力、伤害或引起急性中毒的环境，包括( )。
   A. 可燃性气体、蒸汽和气溶胶的浓度超过爆炸下限的 10%
   B. 空气中爆炸性粉尘浓度达到或超过爆炸上限
   C. 空气中氧含量低于 18% 或超过 22%
   D. 空气中有害物质的浓度超过职业接触限值
   E. 其他任何含有有害物浓度超过立即威胁生命或健康浓度的环境条件
   答案：ACDE

8. 下列关于硫化氢描述正确的是( )。
   A. 硫化氢的局部刺激作用，系由于接触湿润黏膜与钠离子形成的硫化钠引起
   B. 工作场所空气中化学物质容许浓度中明确指出，硫化氢最高容许浓度为 $10mg/m^3$
   C. 轻度硫化氢中毒是以刺激症状为主，如眼刺痛、畏光、流泪、流涕、鼻及咽喉部烧灼感，可有干咳和胸部不适，结膜充血
   D. 中度硫化氢可在数分钟内发生头晕、心悸，继而出现躁动不安、抽搐、昏迷，有的出现肺水肿并发肺炎，最严重者发生电击型死亡
   E. 硫化氢能与许多金属离子作用，生成不溶于水或酸的硫化物沉淀
   答案：ABCE

9. 危险化学品中毒、污染事故的预防控制措施包括( )。
   A. 替代　　B. 变更工艺　　C. 应急管控　　D. 卫生

答案：ABD

10. 隔离是指采取加装（　　）等措施，阻断有毒有害气体、蒸汽、水、尘埃或泥沙等威胁作业安全的物质涌入有限空间的通路。
    A. 安全标识　　　　B. 封堵　　　　C. 导流　　　　D. 盲板
    答案：BCD

11. 作业人员工作期间，感觉精神状态不好、眼睛灼热、流鼻涕、呛咳、胸闷、头晕、头痛、恶心、耳鸣、视力模糊、气短、（　　）等症状，作业人员应及时与监护人员沟通，尽快撤离。
    A. 嘴唇变紫　　　　B. 意识模糊　　　　C. 四肢软弱乏力　　　　D. 呼吸急促
    答案：ABCD

12. 在对鼓风机、加药泵、吸砂机、回流泵等电气设备进行保养和维修时，清掏砂泵、吸砂机和砂水分离器时，必须严格执行（　　）制度，在总闸断开停电后（观察刀闸与主线路是否分离），必须用验电表再测试是否有电。
    A. 停电　　　　B. 送电　　　　C. 放电　　　　D. 验电
    答案：ABD

13. 危险化学品应该分类、分堆储存，堆垛不得过高、过密，堆垛与之间以及堆垛墙壁之间，应该留出一定（　　）。
    A. 通道　　　　B. 通风口　　　　C. 照明　　　　D. 间距
    答案：ABD

14. 综合应急预案包括（　　）。
    A. 生产经营单位的应急组织机构及职责　　　　B. 应急预案体系
    C. 事故风险描述　　　　D. 应急处置和注意事项
    答案：ABC

15. 现场处置方案包括（　　）。
    A. 保障措施　　　　B. 事故风险分析
    C. 应急工作职责　　　　D. 应急处置和注意事项
    答案：BCD

16. 以下关于溺水后救护描述正确的有（　　）。
    A. 救援人员发现后应立即下水　　　　B. 迅速将伤者移至空旷通风良好的地点
    C. 判断伤者意识、心跳、呼吸、脉搏　　　　D. 根据伤者情况进行现场施救
    答案：BCD

17. 关于淹溺者救援描述正确的有（　　）。
    A. 伸手救援指救援者直接向落水者伸手将淹溺者拽出水面的救援方法
    B. 抛物救援是或借助某些物品（如木棍等）的把落水者拉出水面的方法
    C. 藉物救援适用于营救者与淹溺者的距离较近（数米之内）同时淹溺者还清醒的情况
    D. 游泳救援也称为下水救援，这是最危险的、不得已而为之的救援方法
    答案：ACD

18. 人工呼吸适用于（　　）等引起呼吸停止、假死状态者。
    A. 触电休克　　　　B. 溺水　　　　C. 有害气体中毒　　　　D. 窒息
    答案：ABCD

19. 无心搏患者的现场急救，需采用心肺复苏术，现场心肺复苏术主要分为3个步骤，一般称为ABC步骤，ABC是指（　　）。
    A. 患者的意识判断和打开气道　　　　B. 人工呼吸
    C. 胸外心脏按压　　　　D. 等待医护人员到位
    答案：ABC

20. 对于受伤人员的搬运方法常用的主要有（　　）。
    A. 单人徒手搬运　　　　B. 双人徒手搬运　　　　C. 担架搬运法　　　　D. 单人拖拽法

答案：ABC

21. 关于担架搬运法，以下描述正确的是（　　）。
A. 如病人呼吸困难、可平卧，可将病人背部垫高，让病人处于半卧位，以利于缓解其呼吸困难
B. 如病人腹部受伤，要叫病人屈曲双下肢、脚底踩在担架上，以松弛肌肤、减轻疼痛
C. 如病人背部受伤则使其采取俯卧位
D. 对脑出血的病人，应稍垫高其头部

答案：BCD

22. 使用止血带时应注意的事项包括（　　）。
A. 上止血带的部位要在创口上方（近心端），尽量靠近创口，但不宜与创口面接触
B. 在上止血带的部位，必须先衬垫绷带、布块，或绑在衣服外面，以免损伤皮下神经
C. 为控制出血，绑扎必须绑紧
D. 绑扎止血带的时间要认真记录，每隔0.5h（冷天）或者1h应放松1次，放松时间1~2min

答案：ABD

23. 下列关于高处作业管理的描述正确的是（　　）。
A. 应该及时根据季节变化，调整作息时间，防止高处作业人员产生过度生理疲劳
B. 禁止在大雨、大雪及6级以上强风天等恶劣天气从事露天高空作业
C. 如使用移动式脚手架进行高处作业，可将安全带系挂在可靠处的移动式脚手架上
D. 水池上的走道不能有障碍物、突出的螺栓根、横在道路上的东西，防止巡视时不小心绊倒
E. 铁栅、池盖、井盖如有腐蚀损坏，需及时掉换

答案：ABDE

三、简答题

1. 简述污水处理厂有限空间等级分级及划分条件。

答：污水处理厂根据有限空间可能产生的危害程度不同将有限空间分为3个等级。
（1）三级有限空间：正常情况下不存在突然变化的空气危险。
（2）二级有限空间：存在突然变化的空气危险。
（3）一级有限空间：属于密闭或半密闭空间，存在突然变化的空气危险。

2. 什么是危险化学品安全技术说明书？

答：化学品安全技术说明书是一份关于危险化学品燃爆、毒性和环境危害以及安全使用、泄漏应急处置、主要理化参数、法律法规等方面信息的综合性文件。

3. 安全从业人员的义务有什么？

答：（1）从业人员在作业过程中，应当遵守本单位的安全生产规章制度和操作规程，服从管理。
（2）正确佩带和使用劳动防护用品。
（3）接受培训，掌握本职工作所需的安全生产知识，提高安全生产技能，增强事故预防和应急处理能力。
（4）发现事故隐患或者其他不安全因素时，应当立即向现场安全生产管理人员或者本单位负责人报告。

4. 人员在有限空间作业中毒或窒息的处置措施是什么？

答：（1）密闭空间中毒窒息事件发生后，监护人员应立即向相关人员汇报。
（2）协助者应想办法通过三脚架、提升机、救命索把作业者从密闭空间中救出，协助者不可进入密闭空间，只有配备确保安全的救生设备且接受过培训的救援人员，才能进入密闭空间施救。
（3）将人员救离受害地点至地面以上或通风良好的地点，等待医务人员或在医务人员未到场的情况下进行紧急救助。

5. 当设备内部出现冒烟、拉弧、焦味或着火等不正常现象时应如何处置？

答：应立即切断设备的电源，再实施灭火，并通知电工人员进行检修，避免发生触电事故。灭火应用黄沙、二氧化碳、四氯化碳等灭火器材灭火，切不可用水或泡沫灭火器灭火。救火时应注意自己身体的任何部分及灭火器具不得与电线、电气设备接触，以防危险。

6. 应急管理的意义是什么？

答：事故灾难是突发事件的重要方面，安全生产应急管理是安全生产工作的重要组成部分。全面做好安全生产应急管理工作，提高事故防范和应急处置能力，尽可能避免和减少事故造成的伤亡和损失，是坚持以人为本，贯彻落实科学发展观的必然要求，也是维护广大人民群众的根本利益、构建和谐社会的具体体现。

7. 发现人员窒息后应如何报警？

答：一旦发现有人员中毒窒息，应马上拨打120或999救护电话，报警内容应包括：单位名称、详细地址、发生中毒事故的时间、危险程度、有毒有害气体的种类，报警人及联系电话，并向相关负责人员报告。

8. 溺水人员的救援应注意什么？

答：(1)救援人员必须正确穿戴救援防护用品后，确保安全后方可进入施救，以免盲目施救发生次生事故。

(2)迅速将伤者移至空旷通风良好的地点。

(3)判断伤者意识、心跳、呼吸、脉搏。

(4)清理口腔及鼻腔中的异物。

(5)根据伤者情况进行现场施救。

(6)搬运伤者过程中要轻柔、平稳，尽量不要拖拉、滚动。

9. 火灾报警方法包括哪几种？

答：(1)本单位报警利用呼喊、警铃等平时约定的手段。

(2)利用广播。

(3)固定电话和手机。

(4)距离消防队较近的可直接派人到消防队报警。

(5)向消防部门报警。

四、实操题

1. 简述心肺复苏急救的步骤。

答：对于心跳呼吸骤停的伤员，心肺复苏成功与否的关键是时间，必须在现场立即进行正确的心肺复苏。

1) 确认是否有反应

(1)将伤员脱离危险场所，放置于空气洁净、通风良好，平整坚硬的地面上成仰卧状；(2)双手轻拍伤员双肩，大声呼唤两耳侧，观察其是否有反应；(3)如无反应，立即拨打急救电话120或999。

2) 拨打急救电话

(1)事故发生的时间；(2)事故发生的地点；(3)事故导致受伤的人数；(4)报警人姓名及电话。

3) 判断呼吸和脉搏

(1)按照"一听、而看、三感觉"的方法，判断有无呼吸；(2)检查颈动脉判断，有无脉搏；(3)判断时间为5~10s。

4) 胸外按压

(1)在两乳头连线的中间位置，双手交叉叠加，用掌根垂直按压；(2)按压深度5cm左右，按压频率100次/min以上；(3)按压30次后，进行人工呼吸。

5) 人工呼吸

(1)打开气道，清除口腔异物；(2)托起下颌，捏紧鼻孔，进行人工呼吸2次；(3)每次吹起1s以上，吹气量为500~600mL，吹气频率为10~12次/min；(4)中毒患者，禁止采用口对口人工呼吸，应使用简易呼吸器。

6) 心肺复苏

(1)按步骤4、5连续做5次(按压与通气之比为30:2)；(2)观察伤员是否恢复自主呼吸和心跳；(3)对未恢复自主呼吸和脉搏的伤员，不得中断心肺复苏。

7) 复原

(1)将伤者侧卧，确保气道畅通；(2)进一步实施专业救治。

2. 简述消火栓的正确使用方法。

答：(1)打开防火栓门，取出水龙带、水枪。

(2)检查水带及接头是否良好,如有破损严禁使用。
(3)向火场方向铺设水带,避免扭折。
(4)将水带靠近消火栓端与消火栓连接,连接时将连接扣准确插入滑槽,按顺时针方向拧紧。
(5)将水带另一端与水枪连接(连接程序与消火栓连接相同)。
(6)连接完毕后,至少有2人握紧水枪,对准火场(勿对人,防止高压水伤人)。
(7)缓慢打开消火栓阀门至最大,对准火场根部进行灭火。
(8)消防水带连接。消防水带在套上消防水带接口时,须垫上一层柔软的保护物,然后用镀锌铁丝或喉箍扎紧。
(9)消防水带的使用。使用消防水带时,应将耐高压的消防水带接在离水泵较近的地方,充水后的消防水带应防止扭转或骤然折弯,同时应防止消防水带接口碰撞损坏。
(10)消防水带铺设。铺设水带时,要避开夹锐物体和各种油类,向高处垂直铺设消防水带时,要利用消防水带挂钩。通过交通要道铺设消防水带时,应垫上消防水带护桥;通过铁路时,消防水带应从轨道下面通过,避免消防水带被车轮碾坏而间断供水。
(11)防止结冰。严冬季节,在火场上需暂停供水时,为防止消防水带结冰,水泵须慢速运转,保持较小的出水量。
(12)消防水带清洗,消防水带使用后,要清洗干净,对输送泡沫的消防水带,必须细致地洗刷,保护胶层。为了清除消防水带上的油脂,可用温水或肥皂洗刷,对冻结的消防水带首先要使用之融化,然后清洗晾干,没有晾干的消防水带不应收卷存放。

第二节 理论知识

一、单选题

1. 晴天和初降雨时,所有污水都排送至污水处理厂,经处理后排入水体指的是( )。
A. 直流式合流制排水 B. 截流式合流制排水 C. 不完全分流制排水 D. 完全分流制排水
答案:B

2. 压送从泵站出来的污水至高地自流管道或至污水处理厂的承压管段的是( )。
A. 出水口及事故排出口   B. 街道污水管道系统
C. 压力管道   D. 污水处理厂
答案:C

3. 干管与等高线及河道基本平行、主干管与等高线及河道成一定斜角铺设指的是( )。
A. 分区布置   B. 平行布置   C. 分散布置   D. 环绕布置
答案:B

4. 分流制排水系统是将生活污水、工业废水、雨水分别在( )各自独立的管渠内排除的系统。
A.1个   B.2个   C.2个或2个以上   D.1个或1个以上
答案:C

5. 全部的混合污水不经处理直接就近排入水体,可能使得受纳水体遭受严重污染的是( )。
A. 直流式合流制排水 B. 截流式合流制排水 C. 不完全分流制排水 D. 完全分流制排水
答案:A

6. 整个城市污水排水系统的终点设备是( )。
A. 出水口及事故排出口   B. 街道污水管道系统
C. 污水泵站及压力管道   D. 污水处理厂
答案:A

7. 排水管道的基础由( )、基础、管座三个部分组成。
A. 地基   B. 底座   C. 底基   D. 管道

答案：A

8. 从污染源排出的污水，达不到排放标准或不适应环境容量要求，从而降低水环境质量和功能目标时，必须经过人工强化处理的场所是指（　　）。
   A. 出水口及事故排出口　　　　　　　　B. 街道污水管道系统
   C. 污水泵站及压力管道　　　　　　　　D. 污水处理厂
   答案：D

9. 细菌分裂后各自分散独立存在的，称为（　　）。
   A. 单球菌　　　　B. 多球菌　　　　C. 链球菌　　　　D. 菌团
   答案：A

10. 细胞膜具有选择性吸收的（　　）。
    A. 渗透性　　　　B. 过滤性　　　　C. 选择性　　　　D. 半渗透性
    答案：A

11. 下列是好氧菌的是（　　）。
    A. 甲烷菌　　　　B. 反硝化菌　　　　C. 硝化菌　　　　D. 亚硝化菌
    答案：C

12. 三相异步电动机旋转磁场的转速与该电动机的（　　）有关。
    A. 磁极数　　　　B. 额定电压　　　　C. 额定电流　　　　D. 额定转矩
    答案：A

13. 已知某交流电路的电压初相为245°，电流初相为-23°，电压与电流的相位关系为（　　）。
    A. 电压超前电流268°　　　　　　　　B. 电流超前电压222°
    C. 电压超前电流90°　　　　　　　　　D. 电压滞后电流92°
    答案：D

14. 用电器通过电流时间长，用电器（　　）。
    A. 功率大　　　　B. 两端电压增高　　　　C. 耗电多　　　　D. 积累电荷多
    答案：C

15. 电感量一定的线圈，产生的自感电动势大，说明该线圈中通过的电流（　　）。
    A. 数值大　　　　B. 变化量多　　　　C. 时间长　　　　D. 变化率大
    答案：D

16. 三相异步电动机转子转速为960r/min，它应是（　　）极电机。
    A. 2　　　　B. 4　　　　C. 6　　　　D. 8
    答案：C

17. 在单相桥式整流电路中，若有一只二极管脱焊断路，则（　　）。
    A. 电源短路　　　　B. 电源断路　　　　C. 电路变为半波整流　　　　D. 对电路没有影响
    答案：C

18. 安装全波整流电路时，若误将任一只二极管接反了，产生的后果是（　　）。
    A. 输出电压是原来的一半　　　　　　B. 输出电压的极性改变
    C. 只有接反后的二极管烧毁　　　　　D. 可能两只二极管均烧毁
    答案：D

19. 整流电路加滤波器的作用是（　　）。
    A. 提高输出电压　　　　　　　　　　B. 降低输出电压
    C. 减小输出电压的脉动程度　　　　　D. 限制输出电流
    答案：C

20. 在纯净的半导体材料中掺入微量的元素磷（5价），可形成（　　）。
    A. N型半导体　　　B. P型半导体　　　C. PN结　　　D. 导体
    答案：A

21. 接触器通电动作时，或按下复合按钮时，触头动作的顺序是（　　）。

A. 先接通动合触头，后断开动开触头　　　　B. 先断开动开触头，后接通动合触头
C. 动合、动开触头同时动作　　　　　　　　D. 动合、动开触头动作先后没要求
答案：B

22. 条形磁铁中，磁性最强的部位在(　　)。
A. 中间　　　　　B. 两端　　　　　C. N极　　　　　D. S极
答案：B

23. 交流感应电动机全压启动时，其电流比额定电流数值增大(　　)。
A. 1~5倍　　　　B. 4~5倍　　　　C. 4~7倍　　　　D. 5~7倍
答案：C

24. 对于30kW以下的异步电动机一般都采用(　　)启动。
A. 直接　　　　　B. 间接　　　　　C. 降压　　　　　D. 升压
答案：A

25. 交流电气设备的绝缘主要考虑交流电的(　　)。
A. 平均值　　　　B. 最大值　　　　C. 有效值　　　　D. 瞬时值
答案：B

26. 兆欧表测绝缘电阻时，手摇转速应为(　　)。
A. 60r/min　　　B. 120r/min　　　C. 160r/min　　　D. 200r/min
答案：B

27. 电压表的附加电阻必须与表头(　　)。
A. 串联　　　　　B. 并联　　　　　C. 混联　　　　　D. 任意连接
答案：A

28. 选择功率表测量功率时，应该考虑(　　)量限。
A. 功率　　　　　B. 电压　　　　　C. 电流　　　　　D. 以上三者
答案：D

29. 潜水泵突然停机会造成(　　)现象。
A. 水锤　　　　　B. 喘振　　　　　C. 气浊　　　　　D. 以上都是
答案：A

30. 在齿轮转动中，具有自锁特征的是(　　)。
A. 直齿圆齿轮　　B. 圆锥齿轮　　　C. 斜齿轮　　　　D. 蜗杆蜗轮
答案：D

31. 用水润滑的橡胶轴承，可以承受(　　)。
A. 轴向力　　　　B. 径向力　　　　C. 轴向力和径向力　　　　D. 圆周力
答案：C

32. 8214轴承可以承受(　　)。
A. 轴向力　　　　B. 径向力　　　　C. 圆周力　　　　D. 离心力
答案：A

33. 双头螺纹的导程应等于(　　)螺距。
A. 1/2倍　　　　B. 2倍　　　　　C. 4倍　　　　　D. 6倍
答案：B

34. 画在视图外的剖面图称为(　　)剖面图。
A. 移出　　　　　B. 重合　　　　　C. 局部放大　　　D. 局部
答案：A

35. 以泵轴中间轴为基准，用(　　)找准电机座位置。
A. 直角尺　　　　B. 百分表　　　　C. 万能角度尺　　D. 水平尺
答案：B

36. 电磁流量计被测介质的含固量应小于(　　)。

A. 5% B. 8% C. 10% D. 20%
答案：C

37. 压力变送器的测压元件一般为（　　）。
A. 电压应变片 B. 电流应变片 C. 电阻应变片 D. 热敏应变片
答案：C

38. 下列说法正确的是（　　）。
A. 除非是特殊防护等级，压力变送器不能与腐蚀性或者过热介质接触
B. 压力变送器防护等级只对外侧防护进行要求，内部都可以与腐蚀性或者过热介质接触
C. 除非是特殊防护等级，否则都可以与腐蚀性或者过热介质接触
D. 感应方式没有特殊防护等级一说，都不能与腐蚀性或者过热介质接触
答案：A

39. 在污泥处理行业使用的回波式液位计中主要的测量方式是（　　）。
A. 超声波 B. 雷达波和声呐波 C. 超声波和雷达波 D. 超声波和声呐波
答案：C

40. 在线仪表的标准电信号一般是（　　）。
A. 1~5VDC B. 0~20mA C. 4~20mA/1~5VDC D. 4~20mA/0~20mA
答案：C

41. 污泥浮渣管道适用于（　　）。
A. 蝶阀 B. 单向阀 C. 闸阀 D. 截止阀
答案：C

42. 测定腐蚀、导电或带固体微粒的流量时，可选用（　　）。
A. 电磁流量计 B. 椭圆齿轮流量计 C. 均匀管流量计 D. 旋涡流量计
答案：A

43. 电动机的温度如果超过（　　），就会加速线圈绝缘老化，缩短电动机的寿命，甚至烧毁电动机。
A. 额定温度 B. 最低保护温度 C. 正常运行 D. 允许值
答案：D

44. 螺杆泵转子的转速的合理范围为（　　）。
A. 1500~3000r/min B. 800~1500r/min C. 100~600r/min D. 0~50r/min
答案：C

45. 两台水泵运动相似的条件是指（　　）。
A. 两水泵叶轮对应点尺寸成比例，对应角相等
B. 两水泵叶轮对应点尺寸相等，对应角相等
C. 两水泵叶轮对应点上水流同名速度方向一致、大小相等
D. 两水泵叶轮对应点上水流同名速度方向一致、大小互成比例
答案：D

46. 我国城市污水处理厂脱水污泥的干基热值单位为（　　）。
A. 500~1500kJ/kg B. 3300~5000kJ/kg C. 5000~10000kJ/kg D. 5188~19303kJ/kg
答案：D

47. 污泥的含水率从99%降低到96%，污泥体积减小了（　　）。
A. 1/4 B. 1/3 C. 2/3 D. 3/4
答案：D

48. 下列关于生活污水处理中污泥组成说法正确的是（　　）。
A. 污泥的特点是含水率根据污泥种类不同而不同，一般初沉污泥含水率高于剩余污泥
B. 城镇污水所产生的污泥含有机污泥、无机污泥和部分化学污泥
C. 污泥中有大量病原菌、寄生虫、致病微生物，可通过消化过程将它们全部杀死
D. 污泥中虽含砷、铜、铬、汞等重金属，但它们对土壤并不会造成污染

答案：B

49. 下列关于污泥处理方法的描述错误的是( )。
A. 污泥浓缩主要是为了去除污泥中的吸附水和毛细水
B. 污泥消化主要是为了降解部分有机物，生成沼气
C. 污泥脱水进一步使污泥减量化
D. 筛分、浓缩、干化等属于污泥处理方法中的物化方法
答案：A

50. 下列描述错误的是( )。
A. 污泥浓缩的主要目的是使污泥初步减容
B. 污泥消化的目的是使污泥中的有机物分解，实现污泥的无害化、资源化
C. 污泥脱水可以实现污泥的减量化、资源化
D. 污泥处置是指采用某种途径将最终的污泥予以消纳
答案：C

51. 下列描述错误的是( )。
A. 污泥浓缩可以实现污泥稳定化
B. 污泥消化可以实现污泥资源化、稳定化、无害化
C. 污泥脱水可以实现污泥减量化
D. 污泥建材利用可以实现污泥资源化
答案：A

52. 污泥处理的方法，一般是指通过生化、物化的方法，去除污泥中的水分，提取污泥中的有机物，( )。
A. 减少污泥土地利用的风险
B. 去除污泥中的重金属
C. 减少污泥的容积
D. 去除污泥中的病菌
答案：C

53. 下列污泥处理的方法中属于生化法的是( )。
A. 浓缩
B. 干化
C. 筛分
D. 厌氧消化
答案：D

54. 常用的污泥洗砂设备是旋流除砂器和( )。
A. 格栅
B. 沉砂池
C. 砂水分离器
D. 压榨机
答案：C

55. 旋流沉砂器是利用( )对污泥中不同粒径或比重的物料进行分离的设备。
A. 重力
B. 向心力
C. 离心力
D. 剪切力
答案：C

56. 污泥均质的作用不包括( )。
A. 缓解设备磨损
B. 避免污泥泥质不均对设备运行产生不利影响
C. 避免消化产气量发生波动
D. 减少各厂污泥间的泥质波动
答案：A

57. 初沉池的污泥与剩余污泥相比，主要特点是( )。
A. 无机成分多、颗粒大，因此容易浓缩
B. 无机成分多、颗粒小，因此不易浓缩
C. 无机成分少、颗粒大，因此容易浓缩
D. 无机成分少、颗粒小，因此不易浓缩
答案：A

58. 沉淀池由四个功能区组成，其中污泥区的主要作用是( )。
A. 配水
B. 泥水分离
C. 集水集泥
D. 污泥收集、浓缩和排放
答案：D

59. 气浮浓缩法主要用于浓缩( )。
A. 初沉污泥
B. 活性污泥

C. 剩余污泥　　　　　　　　　　　　D. 混凝—沉淀池产生的污泥
答案：C

60. 重力浓缩一般可使剩余活性污泥的含水率下降到（　　）。
A. 85%　　　　　B. 92%　　　　　C. 95%　　　　　D. 98%
答案：D

61. 浓缩池剩余活性污泥停留时间一般为（　　）。
A. 2～5h　　　　B. 2～6h　　　　C. 5～10h　　　　D. 6～8h
答案：D

62. 刮泥机附设的（　　）随刮泥机一起转动，其搅动作用可促进污泥的浓缩过程。
A. 竖向刮板　　　B. 横向刮板　　　C. 横向栅条　　　D. 竖向栅条
答案：D

63. 机械浓缩后，污泥含水率宜为（　　）。
A. 85%～86%　　B. 91%～92%　　C. 96%～97%　　D. 98%～99%
答案：C

64. 污泥脱水是依靠过滤介质两面的（　　）作为推动力，使水分强制通过过滤介质。
A. 压力差　　　　B. 温度差　　　　C. 张力　　　　D. 挤压
答案：A

65. 污泥的淘洗调节适用于（　　）的预处理，目的是节省混凝剂的用量，降低机械脱水的运行费用。
A. 消化污泥　　　B. 浓缩污泥　　　C. 生化污泥　　　D. 初沉污泥
答案：A

66. 在污水处理中，（　　）大量繁殖，使污泥脱水困难。
A. 真菌　　　　　B. 球菌　　　　　C. 放线菌　　　　D. 丝状菌
答案：D

67. 带式压滤机脱去水分量最大的区域是（　　）。
A. 重力脱水区　　B. 楔形脱水区　　C. 低压脱水区　　D. 高压脱水区
答案：A

68. 污泥比阻是指在一定（　　）下，在单位过滤介质面积上，单位重量的干污泥所受到的阻力。
A. 含水率　　　　B. 压力　　　　　C. pH　　　　　D. 浓度
答案：B

69. 污泥堆肥稳定熟化期宜为（　　）。
A. 5～10d　　　　B. 10～20d　　　C. 30～60d　　　D. 40～80d
答案：C

70. 污泥翻堆周期宜控制在（　　）。
A. 7～14d　　　　B. 10～15d　　　C. 15～20d　　　D. 20～30d
答案：A

71. 关于污泥干化，下列说法不正确的是（　　）。
A. 污泥干化就是使用蒸发和扩散作用，将污泥中的水分去除
B. 按照能耗分类，污泥干化分为自然干化和机械干化
C. 按照热源与污泥的接触方式，污泥干化可分为直接接触式干化和间接接触式干化
D. 自然干化指通过渗滤或蒸发等作用从污泥中去除大部分水分的过程，目前其仍是主流技术
答案：D

72. 关于污泥热干化技术原理，下列描述不正确的是（　　）。
A. 污泥热干化技术是应用最广的污泥干化技术，其主要工作原理是通过添加热源实现污泥中的水分蒸发
B. 污泥热干化系统主要包括储运系统、干化系统、尾气净化与处理系统、电气自控仪表系统及其辅助系统等
C. 与干化设备爆炸有关的三个主要因素是氧气、粉尘和颗粒的温度
D. 干化后污泥含水率应小于70%

答案：D

73. 关于污泥焚烧，下列描述不正确的是(　　)。

A. 污泥焚烧作为一项能够比较彻底解决城市污泥的处理技术，具有减容率高、处理速度快、无害化较彻底、余热可用于发电或供热等优点

B. 污泥焚烧符合污泥减量化、无害化、资源化的处置要求

C. 污泥焚烧包括单独焚烧和与工业窑炉的协同焚烧

D. 污泥焚烧是利用污泥中的热量，无须外加辅助燃料，通过燃烧实现污泥彻底无害化处置的过程

答案：D

74. 关于热水解原理，下列描述不正确的是(　　)。

A. 热水解是污泥热处理的一种

B. 污泥的热处理分为污泥絮体结构的解体、污泥细胞破碎和有机物的释放、有机物的水解和有机物发生美拉德反应四个过程

C. 热水解能促进微生物细胞的裂解，促进木质纤维素成分的水解

D. 热水解处理技术一般是采用较高温度和较低压力蒸汽对污泥进行蒸煮后，再通过瞬时卸压发生闪蒸的工艺，使污泥中的细胞破壁，胞外聚合物水解，以提高污泥流动性

答案：D

75. 蒸汽吹入式消化池加热将加热盘管与混合搅拌提升管结合加热，主要原因是(　　)。

A. 提高热利用率　　　　B. 防止盘管堵塞　　　　C. 防止气嘴堵塞　　　　D. 防止盘管结垢

答案：D

76. 污泥中温消化温度一般控制在(　　)。

A. 28～30℃　　　　B. 35～38℃　　　　C. 40～42℃　　　　D. 52～55℃

答案：B

77. 污泥厌氧消化过程中(　　)过程是厌氧消化的控制阶段。

A. 有机物的水解　　B. 发酵产酸　　C. 产氢、产乙酸　　D. 产甲烷

答案：D

78. 污泥厌氧消化处在酸性消化阶段时，分解产物中没有(　　)。

A. 二氧化碳　　　　B. 醇　　　　C. 有机酸　　　　D. 甲烷

答案：D

79. 下列不属于消化池沼气成分的是(　　)。

A. 氧气　　　　B. 二氧化碳　　　　C. 硫化氢　　　　D. 甲烷

答案：A

80. 污泥的消化是一个生物化学过程，主要依靠微生物对有机物的(　　)作用。

A. 分解　　　　B. 吸收　　　　C. 氧化　　　　D. 转化

答案：A

81. 下列关于污泥厌氧消化原理描述不正确的是(　　)。

A. 污泥厌氧消化过程是由多种微生物种群协同作用的极为复杂的生物化学过程

B. 在厌氧条件下，由兼性菌和厌氧菌将污泥中的可生物降解的有机物分解成甲烷、二氧化碳、硫化氢、氨和水等

C. 厌氧消化分三个阶段进行，分别是产氢、产乙酸阶段，水解发酵阶段，产甲烷阶段

D. 由于甲烷菌都是厌氧菌，故消化过程中要注意消化池的密封以防止氧气进入

答案：C

82. 下列关于湿式脱硫的描述正确的是(　　)。

A. 湿式脱硫是指利用水或碱液洗涤沼气

B. 碱液可使用氢氧化钠溶液或碳酸氢钠溶液，根据沼气中硫化氢含量来选择合适的碱液浓度及种类

C. 可利用处理厂的出水，对沼气进行喷淋水洗，以去除硫化氢

D. 以上全都正确

答案：D

83. 选择气浮浓缩时，污泥处理量大于100m³/h时，多采用（　　）池型。
A. 辐流式　　　　B. 矩形池　　　　C. 平流式　　　　D. 竖流式
答案：A

84. 通常辐流式气浮池采用（　　）排泥，矩形池采用（　　）排泥。
A. 连续，间歇　　B. 间歇，连续　　C. 连续，连续　　D. 间歇，间歇
答案：A

85. 关于沼气系统，下列说法正确的是（　　）。
A. 消化池气相空间的压力通常由气柜的压力、沼气管线的沿程阻力损失决定
B. 消化池气相空间的压力通常由消化池进泥量决定
C. 消化池气相空间的压力通常由消化池进泥含水率决定
D. 消化池气相空间的压力通常由消化池进泥有机份决定
答案：A

86. 关于污泥中的杂质的去除，下列说法不正确的是（　　）。
A. 污泥中的絮状物可以通过除砂装置去除　　B. 污泥中的絮状物可以通过筛网去除
C. 污泥中的絮状物可以通过格栅去除　　　　D. 污泥中的絮状物可以通过破碎机去除
答案：A

87. 下列关于热水解过程中挥发的工艺气描述不正确的是（　　）。
A. 热水解工艺气中甲烷含量超过60%　　B. 热水解工艺气中甲烷含量小于3%
C. 热水解工艺气中硫化氢含量较高　　　D. 热水解工艺气中氨气含量较高
答案：A

88. 下列不能作为干式脱硫塔脱硫剂的是（　　）。
A. 氧化铁　　　　B. 氧化锌　　　　C. 氧化铝　　　　D. 铁屑
答案：C

89. 下列药剂属于混凝剂的是（　　）。
A. 消泡剂　　　　B. 聚合氯化铝　　C. 漂白粉　　　　D. 二氧化氯
答案：B

90. 污泥的消化是一个生物化学过程，主要依靠微生物对有机物的（　　）作用。
A. 吸收　　　　　B. 氧化　　　　　C. 分解　　　　　D. 转化
答案：C

91. （　　）是活性污泥在组成和净化功能的核心，也是微生物的主要成分。
A. 细菌　　　　　B. 真菌　　　　　C. 原生动物　　　D. 后生动物
答案：A

92. 混凝沉淀的去除对象为（　　）。
A. 可沉无机物　　B. 有机物　　　　C. 颗粒物　　　　D. 悬浮态和胶态物质
答案：D

93. 污泥浓度间接地反映了混合液中所含（　　）的量。
A. 无机物　　　　B. SVI　　　　　C. 有机物　　　　D. DO
答案：C

94. 良好的新鲜污泥略带（　　）味。
A. 臭　　　　　　B. 泥土　　　　　C. 腐败　　　　　D. 酸
答案：B

95. 污泥含水率即（　　）之比的百分数。
A. 污泥含水分的质量与脱水后的干污泥　　B. 污泥中脱出的水的质量与污泥总质量
C. 污泥中所含水分的质量与污泥总质量　　D. 污泥中所含水分的体积与污泥总体积
答案：C

96. 下列关于具有相同干重的污泥,它们的体积、含水质量、含水率和含固体物浓度之间的关系描述中,错误的是(　　)。
　　A. 污泥体积与含水质量成正比
　　B. 污泥含水率与污泥体积成正比
　　C. 污泥含水质量与含固体物浓度成反比
　　D. 污泥体积与含固体物浓度成正比
　　答案:D

97. 下列关于污水处理厂有机污泥的描述错误的是(　　)。
　　A. 易于腐化发臭
　　B. 含水率高且易于脱水
　　C. 颗粒较细
　　D. 相对密度较小
　　答案:B

98. 下列描述正确的是(　　)。
　　A. 污水的一级处理主要去除污水中呈悬浮状态的固体污染物质,不能去除污水中的BOD
　　B. 污水的二级处理主要去除污水中呈胶体和溶解状态的有机污染物,去除率可达30%,但达不到排放标准
　　C. 污水的三级处理是在一级、二级处理后,进一步处理难降解的有机污染物、氮、磷等能够导致水体富营养化的可溶性无机物
　　D. 污泥是污水处理过程中的产物,富含肥分,可直接作为农肥使用
　　答案:C

99. 下列关于污泥的说法正确的是(　　)。
　　A. 污泥主要成分可归纳为两大类,即有机物和无机物
　　B. 污泥按照成分不同,可分为污泥和沉砂
　　C. 污泥按照来源不同,可分为初沉污泥、剩余活性污泥、腐殖污泥、消化污泥和化学污泥
　　D. 初沉污泥、剩余活性污泥被称为生污泥
　　答案:C

100. 在活性污泥系统里,微生物的代谢需要一定比例的营养物,以BOD作为(　　),以氮、磷等作为微量元素。
　　A. 有机物
　　B. 无机物
　　C. 微量有机物
　　D. 碳源
　　答案:D

101. 重力浓缩一般可使剩余活性污泥的含水率下降到(　　)。
　　A.85%
　　B.92%
　　C.95%
　　D.98%
　　答案:D

102. 甲烷细菌最适宜生存的pH为(　　)。
　　A.6~9
　　B.6.5~7.5
　　C.6.8~7.2
　　D.7.2~8.5
　　答案:C

103. 沼气中甲烷气体所占比例(　　)。
　　A. 大于30%
　　B. 小于40%
　　C. 大于50%
　　D. 大于70%
　　答案:C

104. 螺旋泵的转速较低,不能由电动机直接带动,必须采取(　　)。
　　A. 传动
　　B. 联动
　　C. 缓冲
　　D. 减速
　　答案:D

二、多选题

1. 根据不同的物理特征,降水可分为(　　)。
　　A. 完全降水
　　B. 不完全降水
　　C. 液态降水
　　D. 固态降水
　　答案:CD

2. 排水系统的主要组成部分为(　　)。
　　A. 进水口
　　B. 出水口
　　C. 管渠系统
　　D. 污水处理厂
　　答案:BCD

3. 管渠系统的主要作用是( )污水。
   A. 收集　　　　B. 预处理　　　　C. 输送　　　　D. 分流
   答案：AC

4. 室内管道系统包括( )。
   A. 水封管　　　B. 支管　　　　　C. 竖管　　　　D. 出户管
   答案：ABCD

5. 建设单位在江河、湖泊处新建、改建、扩建排污口的，应当取得( )同意。
   A. 水行政主管部门　　B. 交通主管部门　　C. 渔业主管部门　　D. 流域管理机构
   答案：AD

6. 行政区域的水污染纠纷，由( )协调解决。
   A. 有关地方人民政府　　　　　　B. 有关地方环境保护主管部门
   C. 国务院　　　　　　　　　　　D. 共同的上级人民政府
   答案：AD

7. 球菌按照排列形式可分为( )。
   A. 单球菌　　　B. 多球菌　　　　C. 链球菌　　　D. 菌团
   答案：AC

8. 下列参数中，( )能用来衡量水泵的吸水性能。
   A. 允许吸上真空高度　B. 气蚀余量　　C. 扬程　　　　D. 安装高度
   答案：AC

9. 采用并联电力电容器作为无功补偿装置时，宜就地平衡补偿，并符合( )。
   A. 低压部分的无功功率，应由低压电容器补偿
   B. 高压部分的无功功率，宜由高压电容器补偿
   C. 容量较大、负荷平稳且经常使用的用电设备的无功功率，宜单独就地补偿
   D. 补偿基本无功功率的电容器组，应在配变电所内集中补偿
   E. 在环境正常的建筑物内，低压电容器宜分散设置
   答案：ABCDE

10. 常用的污泥脱水设备通常有( )。
    A. 带式压滤脱水机　B. 板框压滤机　C. 离心脱水机　D. 叠螺式脱水机
    答案：ABC

11. 螺旋泵的缺点有( )。
    A. 扬水效率低　　B. 必须倾斜安装　　C. 体积大　　　D. 扬程低
    答案：ABCD

12. 典型的污泥处理流程分为( )等阶段。
    A. 污泥浓缩　　　B. 污泥消化　　　　C. 污泥脱水　　D. 污泥处置
    答案：ABCD

13. 下列关于污泥处理方法的描述正确的是( )。
    A. 筛分的主要作用是去除污泥中的浮渣
    B. 污泥脱水就是降低污泥中的孔隙水
    C. 污泥浓缩主要是去除污泥中的吸附水和毛细水
    D. 筛分、浓缩、干化等属于污泥处理方法中的物化方法
    答案：AD

14. 常用的污泥处理处置工艺流程有( )。
    A. 污泥浓缩—消化—脱水—堆肥组合工艺　　B. 污泥浓缩—消化—脱水组合工艺
    C. 污泥浓缩—消化—脱水—干化组合工艺　　D. 污泥浓缩—消化—脱水—干化—焚烧组合工艺
    答案：ABCD

15. 污泥浓缩的方法有( )。

A. 重力浓缩　　　　　B. 气浮浓缩　　　　　C. 机械浓缩　　　　　D. 以上方法都错

答案：ABC

16. 下列关于污泥浓缩的描述正确的是(　　)。
A. 污泥浓缩分为重力浓缩、机械浓缩、气浮浓缩
B. 重力浓缩池一般会散发臭气，有必要考虑采用防臭和除臭措施
C. 气浮浓缩工艺设备多，维护管理复杂，运行费用高
D. 污泥浓缩机主要包括离心式、带式、转鼓式等

答案：ABCD

17. 下列描述正确的是(　　)。
A. 消化、脱水、堆肥都属于物化的污泥处理方法
B. 污泥消化一般采用厌氧消化
C. 热水解、热碱、超声波等技术是污泥进行消化的预处理技术
D. 污泥消化产气中含大量甲烷、二氧化碳和少量的硫化氢、氨、水等

答案：BCD

18. 实际生产中，常常用一些指标来衡量污泥的性质，主要有含水率、(　　)等。
A. pH　　　　　B. 重金属　　　　　C. 热值　　　　　D. 有机份

答案：AD

19. 当污水处理采用生物脱氮除磷工艺时，其污泥浓缩与脱水采用(　　)方式更合适。
A. 重力浓缩和自然脱水干化　　　　　B. 浓缩脱水一体机
C. 机械浓缩后机械脱水　　　　　D. 重力浓缩后机械脱水

答案：BC

20. 重力浓缩池根据运行方式可分为(　　)。
A. 间歇式　　　　　B. 断点式　　　　　C. 压缩式　　　　　D. 连续式

答案：AD

21. 筛分、洗砂、均质、浓缩均可划分为污泥预处理工序，其主要目的是(　　)。
A. 减少后继设备的磨损　　　　　B. 提高现况污泥处理设备设施的效率
C. 提高污泥中有机物的降解效率　　　　　D. 减少后续管道堵塞的风险

答案：ABCD

22. 污泥均质的作用包括(　　)。
A. 缓解设备磨损　　　　　B. 避免污泥泥质不均对设备运行产生不利影响
C. 避免消化产气量发生波动　　　　　D. 减少各厂污泥间的泥质波动

答案：BCD

23. 带式脱水机的出泥效果不好，可能的影响因素有(　　)。
A. 进泥浓度太高　　　　　B. 冲洗水效果不好
C. 网带张紧压力有问题　　　　　D. 絮凝剂质量有问题

答案：ABCD

24. 关于污泥机械脱水前的预处理，下列描述正确的是(　　)。
A. 也称为污泥的调理　　　　　B. 能够去除污泥中大约15%的水分
C. 目的是改善污泥脱水性能　　　　　D. 可提高机械脱水效果和机械脱水设备的生产能力

答案：ACD

25. 关于污泥堆肥预处理的描述正确的是(　　)。
A. 应控制污泥、发酵产物和调理剂的混合比例
B. 冬季应适当提高调理剂投加的比例
C. 混料后物料含水率应控制在20%~30%
D. 碳氮比值以20:1~40:1为宜，堆密度应不高于780kg/m³，pH应不高于8.5

答案：ABD

26. 热处理会影响污泥的特性，下列说法正确的是(　　)。
A. 絮体表面和内部的胞外聚合物在热处理过程中发生溶解和水解
B. 由于污泥絮体结构的解体和一部分细胞物质从不溶态转化为溶解态，导致污泥固形物含量下降
C. 热处理会导致污泥絮体结构和部分微生物的细胞结构破碎
D. 热处理影响消化污泥产气量
答案：ABC

27. 关于热水解浆化罐的作用，下列说法正确的是(　　)。
A. 浆化罐用于储存和调整污泥含水率
B. 利用反应罐和闪蒸罐的回流蒸汽预热污泥
C. 浆化罐污泥循环可均衡罐内原有污泥和新进污泥的含水率和温度，均衡每个反应罐的进泥泥质，保证工况的稳定
D. 通过调节循环泵前稀释水的投加，可以控制循环泥路的温度和压力
答案：ABCD

28. 在加压气浮浓缩中，观察到污泥浮渣层较薄，可能的原因是(　　)。
A. 撇渣器运行速度过快，可通过目测检查并进行调整
B. 添加的聚合物的量过低
C. 气浮池污泥进料过少
D. 气固比过小
答案：AB

29. 污泥焚烧设备主要有(　　)。
A. 回转窑炉　　　B. 旋转式窑炉　　　C. 流化床焚烧炉　　　D. 多段焚烧炉
答案：ACD

30. 离心泵的特性曲线有(　　)。
A. 流量—扬程曲线　　B. 流量—功率曲线　　C. 流量—效率曲线　　D. 流量—吸上真空度曲线
答案：ABCD

31. 离心泵的基本结构有(　　)。
A. 吸入室、叶轮　　　　　　　　　　B. 压出室、泵轴
C. 轴封机构、密封环　　　　　　　　D. 轴向力平衡机构、机械传动支撑件
答案：ABCD

32. PLC的特点有(　　)。
A. 通用性强、适用范围广　　　　　　B. 使用方便、可靠性高
C. 抗干扰能力强　　　　　　　　　　D. 编程简单
答案：ABCD

33. 污泥与沉渣的区别主要有(　　)。
A. 污泥中的有机物含量较高　　　　　B. 污泥的流动性好
C. 污泥多以无机物为主　　　　　　　D. 污泥中胶状的亲水性物质较多
E. 污泥不易通过管道输送
答案：ABD

34. 厌氧消化系统由消化池和(　　)组成。
A. 预处理系统　　　B. 加热系统　　　C. 搅拌系统
D. 沼气收集系统　　E. 进、排泥系统
答案：BCDE

35. 齿轮传动的失效形式有(　　)。
A. 轮齿折断　　　B. 齿面点蚀　　　C. 齿面磨损
D. 齿面胶合　　　E. 齿面塑性变形
答案：ABCDE

36. 下列与 UASB 反应器及其反应特点不相符的选项是( )。
A. 颗粒污泥浓度高、沉降性能好、生物活性高 B. UASB 反应器容积负荷高，沼气产量大
C. UASB 反应器不可处理高浓度污水 D. 反应池与沉淀池分开设置
答案：CD

37. 沼气中的甲烷气体由( )产生。
A. 甲烷菌分解脂肪酸 B. 兼性菌分解有机物
C. 甲烷菌合成氢气和二氧化碳 D. 甲烷菌合成水和一氧化碳
答案：AC

38. PAM 对污泥进行调质的主要机理是( )。
A. 压缩双电层 B. 氧化 C. 还原 D. 吸附架桥
答案：AD

39. 板框压滤机主要有( )等类型。
A. 单式自动压滤 B. 复合式压滤
C. 附有压榨机构的横向加压 D. 附有压榨机构的竖向自动压滤
答案：ABCD

三、简答题

1. 简述排水系统及排水体制的定义。

答：排水系统是指排水的收集、输送、水质的处理和排放等设施以一定方式组合成的总体。污水可以采用一个灌渠系统来排除，也可以采用两个或两个以上独立的灌渠系统来排除，这种由不同排除方式构成的排水系统，称作排水系统的体制。

2. 简述城市污水处理厂污泥处理的工艺流程和各单元的作用。

答：(1)污泥处理的工艺流程：污泥—浓缩—消化—脱水—处置。
(2)各单元的作用：
①浓缩池：减小污泥体积以便后续处理。
②消化池：在厌氧条件下分解污泥中的有机物，使污泥稳定。
③脱水：进一步降低污泥含水率，便于污泥外运处置。

3. 简述化学污泥、消化污泥、污泥比阻这几个名词的含义。

答：(1)化学污泥：用混凝、化学沉淀等化学法处理污水所产生的污泥。
(2)消化污泥：初次沉淀污泥、剩余活性污泥和腐殖污泥等经过消化稳定处理后的污泥。
(3)污泥比阻：单位质量的污泥在一定的压力下过滤时在单位过滤面积上的阻力。

4. 简述污泥格栅跑泥的原因和解决措施。

答：(1)原因分析：①格栅进泥量大，超过格栅的处理能力。②冲洗水嘴堵塞或毛刷失效，造成格栅堵塞。③冲洗水压力不足，造成冲洗效果差，从而造成格栅堵塞。
(2)解决措施：①减少格栅进泥量，并对格栅进行人工冲洗。②人工疏通水嘴或更换毛刷。③检查冲洗水系统，恢复冲洗压力。

5. 简述水泵耗用功率过大的原因及修正方法。

答：(1)填料太紧；调整填料压板螺钉。
(2)泵轴弯曲，叶轮转动时碰擦泵壳；拆泵体，校正或调整泵轴。
(3)轴承严重磨损；增加转动扭矩，调检轴承。
(4)出水管被堵塞；清除出水管道杂物。
(5)出水口的底阀拍门太重，使进水耗扬程增高；在拍门上采取平衡措施，减少开启拍门所消耗的扬程。

6. 简述在一般污泥处理工艺中用到的测压仪表类型及其工作原理。

答：(1)在一般污泥处理工艺中，主要使用在线压力变送器作为压力检测仪表。
(2)工作原理：在线压力变送器是一种将压力转换成气动信号或电动信号进行控制和远传的设备。它可以将测压元件测量到的气体、液体等压力值转变成标准压力电信号或者通讯协议传送至控制系统，使控制系统可

以采集到实时现场压力数据的数值与变化。

7. 简述压力变送器校准作业时的注意事项。

答：(1)使用绝缘安全工具。

(2)在仪表断开电源后，方可进行仪表拆装。

(3)拆装过程中不要强拽线缆，以免造成线缆损坏、断路等情况。

8. 简述在线铂电阻温度计校准的注意事项。

答：(1)实施校核作业时，应注意操作使用标准、绝缘、安全工具。

(2)校准过程中不要强拽线缆，以免造成线缆损坏、断路等情况。

(3)轻拿轻放电极，防止磕碰损坏。

(4)应在3个不同温度环境中重复校准2~3次。

四、计算题

1. 热水解单批次可处理含水率为86%的污泥量8m^3，每日需处理干泥150t，求热水解每日运行批次。

解：每日需处理含水率为86%的污泥量 = 150/(1 - 86%) ≈ 1071.43m^3

每日运行批次 = 1071.43/8 ≈ 134次

2. 已知4BA-8A型泵的功率N为15.6kW，用弹性联轴器传动，传动效率η为98%，备用系数K取1.25，求配套电动机功率。

解：配套电动机功率 $P = N \times K/\eta = 15.6 \times 1.25/0.98 \approx 19.9$kW

3. 某污水处理厂离心脱水机房某日共处理污泥10000m^3，污泥含水率为97.5%，求脱泥泥饼(80%含水率)的重量。(其中，离心机固体回收率以95%计算)

解：80%含水率泥饼重量 = [10000 × (1 - 97.5%)/95%]/(1 - 80%) ≈ 1315.8t

4. 某厂消化池进排泥含固量分别为8%和5%，进排泥有机份分别为65%和40%，求该厂消化池有机分解率。

解：消化池有机分解率 η = [(8% × 65%) - (5% × 40%)]/(8% × 65%) ≈ 61.5%

5. 某消化系统投泥浓度为5%，有机份为70%。消化池有效容积为5000m^3，求将有机物投配负荷控制在0.5kg VSS/($m^3 \cdot$d)以下的最大投泥量。

解：Q_{max} = (5000 × 0.5)/(50 × 70%) ≈ 71m^3/d

6. 某脱水班负责运转的离心脱水机使用PAM作为干粉絮凝剂，每日脱水处理泥量为1500m^3，进泥含水率为96%~97%，絮凝剂投配率一般为4‰~5‰。求在国庆假期期间(7d)，班组需要准备最少多少吨干粉絮凝剂作为备用。

解：国庆期间应按照最不利点考虑，故实际计算式按照最大投配率和最高进泥浓度考虑，故絮凝剂的投配质量如下：

每天投配质量 M = 1500 × (1 - 96%) × 10^3 × 5‰ = 300kg

7天投配质量 M = 300 × 7 = 2100kg = 2.1t

因此，国庆期间，该班组至少得准备2.1t的干粉絮凝剂。

7. 某污水处理厂每天产生含水率为98%的混合物污泥12000m^3，该厂有12座直径为20m、有效水深为5m的圆形重力浓缩池，该厂运行中的固体表面负荷控制在70kg/($m^2 \cdot$d)，求该厂实际需投运的浓缩池数量、每池的进泥量以及水力停留时间。

解：污泥浓缩池的面积 A = 3.14 × 10 × 10 = 314m^2

污泥浓缩池有效容积 V = 314 × 5 = 1570m^3

由污泥含水率为98%，得：进泥含固量 = 1 - 98% = 2%，即20kg/m^3

每座浓缩池的进泥量 Q_i = (70 × 314)/20 = 1099m^3/d

水力停留时间 t = 1570/1099 ≈ 1.43d = 34.3h

每天需投运的浓缩池数量 n = 12000/1099 ≈ 11座

8. 以下是某污水处理厂消化池运行日报表，根据运行数据计算该厂消化池平均水力停留时间、污泥投配率、有机物分解率、产气率和干泥产气量。已知，该厂消化池有效容积为7800m^3，消化池进泥、出泥的含水率分别为92.4%和94.6%，进泥、出泥的有机物含量分别为65.5%和45.1%。求该厂消化池的污泥投配率、单位体积出泥的平均产气量和有机物分解率。

消化池编号	消化池进泥量/(m^3/d)	消化池排泥量/(m^3/d)	消化池产气量/(m^3/d)
1#	385	380	10610
2#	370	369	12483
3#	380	382	11618
4#	378	375	10968
5#	380	377	11089

解：该厂该日消化池总进泥量 $Q_{进} = 385 + 370 + 380 + 378 + 380 = 1893 m^3/d$，进泥干泥量 $= 1893 \times (1 - 92.4\%) \approx 143.87 t/d$

该厂该日消化池总出泥量 $Q_{出} = 380 + 369 + 382 + 375 + 377 = 1883 m^3/d$，出泥干泥量 $= 1883 \times (1 - 94.6\%) \approx 101.68 t/d$

该厂消化池平均停留时间 $t = 7800/(1883/5) \approx 20.71 d$

污泥投配率 $= (1/20.71) \times 100\% \approx 4.8\%$

每立方米含水率为94.6%的出泥平均产气量 $= (10610 + 12483 + 11618 + 10968 + 11089)/1883 = 56768/1883 \approx 30.1 m^3$

有机物分解率 $= (143.87 \times 65.5\% - 101.68 \times 45.1\%)/(143.87 \times 65.5\%) = (94.23 - 45.86)/94.23 \approx 51.3\%$

9. 消化池容积为1000m^3，控制水力停留时间大于19d。每日要处理污泥200m^3，求需要几座消化池。

解：每池进泥量 $Q_{进} = 1000/19 \approx 52.6 m^3/d$

需要的消化池量 $n = 200/52.6 \approx 3.8$ 座，即4座

用停留时间校核：4座消化池，平均每池每日的进泥量 $= 200/4 = 50 m^3$，停留时间 $t = 1000/50 = 20d > 19d$，故4座消化池可以满足处理需求。

第三节　操作知识

一、单选题

1. 厌氧消化池进泥的同时，下列(　　)应与进泥同时进行。
A. 换热系统　　　　B. 搅拌系统　　　　C. 排泥系统　　　　D. 增压系统
答案：B

2. 维护压力传感器时，应检查导压管及安装孔，传感器在安装和拆卸过程中，(　　)部分容易受到磨损，会影响整个管路的密封性。
A. 探头　　　　　　B. 线缆　　　　　　C. 螺纹　　　　　　D. 传感器
答案：C

3. 污泥旋流除砂器在运行中，至少(　　)检查1次油杯内的润滑油脂，并及时补加。
A. 1周　　　　　　B. 1个月　　　　　C. 1个季度　　　　D. 1年
答案：A

4. 污泥旋流除砂器在运行中，至少(　　)检查1次旋流除砂器槽体耐磨层磨损情况。
A. 1周　　　　　　B. 1个月　　　　　C. 1个季度　　　　D. 1年
答案：B

5. 带式浓缩机在运行过程中，至少(　　)清洗1次冲洗喷嘴。
A. 1周　　　　　　B. 1个月　　　　　C. 1个季度　　　　D. 1年
答案：D

6. 带式压滤脱水机在运行过程中，至少(　　)检查 1 次液压装置及驱动装置的油位。
A. 1 周　　　　　　　　B. 1 个月　　　　　　　　C. 1 个季度　　　　　　　　D. 1 年
答案：B

7. 离心脱水机在运行过程中，至少(　　)检查 1 次电机轴承，并且注油及清扫。
A. 1 周　　　　　　　　B. 1 个月　　　　　　　　C. 1 个季度　　　　　　　　D. 1 年
答案：B

8. 滚筒格栅驱动电机减速箱更换润滑油的周期为(　　)。
A. 1 周　　　　　　　　B. 1 个月　　　　　　　　C. 1 个季度　　　　　　　　D. 1 年
答案：D

9. 下列关于干式脱硫系统运行记录的描述错误的是(　　)。
A. 压力　　　　　　　　　　　　　　　　　　B. 投运脱硫塔的编号
C. 硫化氢含量的检测值　　　　　　　　　　　D. 产气量
答案：D

10. 下列关于消化池运行记录的说法错误的是(　　)。
A. 消化池运行记录中须定时记录消化池压力、温度、液位情况
B. 消化池运行记录中无须记录搅拌器运行状态
C. 每日须对消化沼气产量、进泥量、排泥量进行统计
D. 如发现消化池温度波动大于 0.5℃，须及时进行调控
答案：B

11. 在污泥处置成本核算中，以(　　)为成本计算单位。
A. kg　　　　　　　　B. t　　　　　　　　C. m³　　　　　　　　D. g
答案：B

12. 下列不属于运行总结内容的是(　　)。
A. 生产指标的完成情况　　　　　　　　　　　B. 主要设备设施的运行情况
C. 主要材料的消耗情况　　　　　　　　　　　D. 对环境因素的识别情况
答案：D

13. 一般应于当月(　　)日前下发下月生产计划至计划具体实施的单位和部门。
A. 20　　　　　　　　B. 25　　　　　　　　C. 27　　　　　　　　D. 30
答案：C

14. 统计报表一般需要(　　)领导审核并经主管单位审批后，方可上报上级部门。
A. 主管部门　　　　　B. 运行班组　　　　　C. 运行车间　　　　　D. 厂级
答案：A

15. 在一般污泥处理工艺中，主要使用(　　)两种工作原理的在线液位计进行液位检测。
A. 投入式和回波式　　　　　　　　　　　　　B. 音叉振动式和磁浮式
C. 磁翻板式和投入式　　　　　　　　　　　　D. 磁浮式和回波式
答案：A

16. 校验静压液位计时，通常需要(　　)电源接入输出回路中。
A. 5V　　　　　　　　B. 12V　　　　　　　　C. 24V　　　　　　　　D. 36V
答案：C

17. 在线电阻式温度计常用的校准方式是(　　)。
A. 定点校准　　　　　B. 比较校准　　　　　C. 离线校准　　　　　D. 在线校准
答案：B

18. 机械密封处渗漏水的原因不包括(　　)。
A. 机封的动、静环平面磨损　　　　　　　　　B. 机械密封胶失效
C. 外界温度过低　　　　　　　　　　　　　　D. 电机轴颈加工精度差、尺寸小、做工粗糙及轴颈锈蚀
答案：C

19. 关于滤布滤池的运行与维护，下列描述不正确的是( )。
   A. 水力负荷不宜大于 $25m^3/(m^2 \cdot h)$
   B. 反冲洗周期应根据进水水质、滤池液位及运行时间确定，反冲洗转速宜为 0.5~1r/min，反冲洗水量宜为处理水量的 1%
   C. 应定期检查滤布，发现破损应及时更换
   D. 应定时检查滤布滤池吸泥泵、电气仪表及附属设备运行状况，并做好设备、环境的清洁工作及传动部位的保养工作
   答案：A

20. 板框压滤机在高压下运行，而且常采用石灰作为调试剂，因此必须有足够的高压冲洗水，保持滤布的再生度，同时必要时应进行周期性( )。
   A. 酸洗　　　　　B. 碱洗　　　　　C. 离线清洗　　　　　D. 晾晒
   答案：A

21. 板框压滤的特殊要求是( )，否则，在压滤时容易漏浆。
   A. 压力　　　　　B. 密封　　　　　C. 温度　　　　　D. 污泥浓度
   答案：B

22. 带式脱水机在重力脱水阶段，大约需要( )，其污泥体积缩小( )左右，此时污泥的含水率大约为 90%~94%。
   A. 3~5min，50%　　B. 3~5min，40%　　C. 1~2min，50%　　D. 1~2min，40%
   答案：C

23. 热水解工艺控制，主要是控制运行温度、压力和( )的用量。
   A. 药剂　　　　　B. 稀释水　　　　　C. 蒸汽　　　　　D. 自来水
   答案：B

24. 连续运行的消化池，宜( )彻底清池、检修 1 次。
   A. 1 年　　　　　B. 1~3 年　　　　　C. 3~5 年　　　　　D. 5~10 年
   答案：C

25. 在流化床污泥干化中，需要重点监控的指标有( )。
   A. 流化床中氨气的含量　　　　　B. 流化床中氧气的含量
   C. 流化床中氮气的含量　　　　　D. 流化床中硫化氢的含量
   答案：B

26. 下列关于污泥黏附在重力带式浓缩机滤带上的原因分析正确的是( )。
   A. 絮凝剂用量过多　　　　　B. 冲洗水强度太大
   C. 污泥负荷太高　　　　　D. 污泥进泥种类为初沉污泥
   答案：A

27. 在转鼓浓缩机的运行巡视中发现浓缩后的滤液水质较差，可能存在的原因为( )。
   A. 投加的絮凝剂过少，导致污泥絮体较小　　　B. 浓缩机的进泥量过小，应增加浓缩机的进泥量
   C. 浓缩机的冲洗时间要缩短　　　D. 浓缩机的转鼓转速过低，应提升转速
   答案：A

28. 如果消化池所产沼气不经脱硫处理，受损最严重的设备或设施是( )。
   A. 沼气管道　　　B. 消化池　　　C. 气柜　　　D. 沼气发电机
   答案：D

29. 下列关于沼气搅拌的描述不正确的是( )。
   A. 采用沼气搅拌的消化池，应定期更换沼气压缩机的气体过滤器和油过滤器
   B. 采用沼气搅拌的消化池，应定期清理沼气管路上的砾石过滤器
   C. 采用桨叶式机械搅拌的消化池，应定期观察搅拌器的电流和温度
   D. 采用桨叶式机械搅拌的消化池，应定期观察搅拌器的电压和压力
   答案：D

30. 关于沼气管线上通常设置的冷凝水罐的描述不正确的是(　　)。
A. 沼气冷凝水罐一般用于沼气管线上切除沼气管线内的冷凝水
B. 沼气冷凝水罐一般设置于沼气管线的低点处
C. 沼气冷凝水罐一般设置于沼气管线的高点处
D. 应定期检查沼气冷凝水罐排放冷凝水的情况
答案：C

31. 当脱水机或浓缩机发生故障时，检修人员应当(　　)。
A. 不管故障机器，让其继续运行　　　　B. 立即打开机器或控制柜进行检修
C. 与运行值班人员协商后，断开总电源再进行检修　　D. 不通知任何人员，自行检修
答案：C

32. 下列关于消化池上清液描述不正确的是(　　)。
A. 一级消化池基本上不排放上清液
B. 二级消化池一般排放上清液
C. 消化池上清液中总氮、总磷、氨氮的含量一般较高
D. 消化池上清液中总氮、总磷、氨氮的含量一般较低
答案：D

33. 为提高事故池的使用效率，事故池正常运行时，应避免(　　)。
A. 连续或间断小流量出水　　　　B. 保持高液位
C. 保持低液位　　　　D. 事故池进水和水质在线分析仪联锁
答案：A

34. 一般泵在运行中轴承温度最高不能超过(　　)。
A. 65℃　　　　B. 75℃　　　　C. 85℃　　　　D. 95℃
答案：B

35. 离心泵轴承的润滑脂每运转(　　)就要更换1次。
A. 500h　　　　B. 1000h　　　　C. 2000h　　　　D. 3000h
答案：C

36. 启动离心泵时，为了降低启动功率，应将出口阀门(　　)。
A. 全开　　　　B. 打开一半　　　　C. 全闭　　　　D. 打开1/4
答案：C

37. 为阀门注入密封脂、润滑脂时，正常情况下每年应加注(　　)。
A. 1次　　　　B. 2次　　　　C. 3次　　　　D. 4次
答案：B

二、多选题

1. 关于离心脱水机维护与保养，以下描述正确的是(　　)。
A. 每月紧固螺丝，给阀门螺杆抹油
B. 每月检查电机轴承，注油清扫
C. 每月检查油封、油液位有无异响，并清扫
D. 检查离心脱水机运行是否平稳，检查油液情况，查看地脚螺栓有无松动
答案：ABD

2. 离心脱水机日常需要检查的事项有(　　)。
A. 每月检查运行是否平稳，查看油液情况，查看地脚螺栓有无松动
B. 每月检查螺旋、衬板有无损坏磨损，电机注油保养，查看油液
C. 每月检查电机、皮带、润滑油，为电机注油，清理机体滚轴污泥，查看油液
D. 每年检查气管、气动阀门开关、脱水机出泥闸阀
答案：ABC

3. 为提高旋流除砂器除砂效果，可以调整（　　）。
A. 进泥流量　　　　B. 进泥压力　　　　C. 进泥浓度　　　　D. 进泥角度
答案：ABCD

4. 下列关于压力变送器的安装要求描述正确的有（　　）。
A. 安装压力变送器时，测量液体压力应将取压口开在流程管道侧面水平以上，以避免积渣沉淀
B. 当测量气体压力时，取压口应开在流程管道顶端，以垂直水平为最佳，并且变送器也应安装在流程管道上部，以避免液体流入测量支管路，形成液体累积
C. 导压管应安装在温度波动小的地方，避免温度波动对导压管的影响。测量蒸汽或其他高温介质时，须接加缓冲管（盘管）等散热冷凝器，不应使变送器的工作温度超过正常工作温度极限
D. 冬季发生冰冻时，安装在室外的变送器必须采取防冻措施，避免引压口内的液体因结冰体积膨胀，导致传感器损坏
答案：ABCD

5. 压力变送器的安装注意事项有（　　）。
A. 测量液体压力时，变送器的安装位置，应避免有液体的冲击（水锤现象）的管路上，以免传感器过压损坏
B. 如有必要，使用防火泥或膨胀密封材料进行密封
C. 安装接线时，将供电及信号电缆穿过防水接头（附件）或绕性管并拧紧密封螺帽，以防雨水等通过电缆渗漏进变送器壳体内
D. 安装压力变送器时，测量液体压力应将取压口应开在流程管道侧面水平以下，以避免积渣沉淀
答案：ABC

6. 对消化池换热器的描述正确的是（　　）。
A. 消化池热交换器长期停止使用时，应关闭通往消化池的相关闸阀，并应将热交换器中的污泥放空、清洗
B. 螺旋板式热交换器无须清洗，免于维护
C. 套管式热交换器宜每年清洗1次
D. 套管式热交换器宜每半年清洗1次
答案：AC

7. 设备巡检时段分为（　　）等检查。
A. 设备运行期间　　　B. 设备停机过程中　　　C. 设备停运期间　　　D. 设备开机过程中
答案：ABCD

8. 下列因素会影响砂水分离设备运行的有（　　）。
A. 有机污泥的影响　　B. 管路堵塞　　　C. 砂井内的液位传感器　　　D. 水温
答案：ABC

9. 实验证明，离心泵的（　　）与被输送介质质量有关，但泵的功率消耗随被输介质质量增大而增加。
A. 扬程　　　　B. 轴功率　　　　C. 材质　　　　D. 维保情况
答案：AB

10. 转鼓浓缩机运行时的主要观测点有（　　）。
A. 滤液　　　　B. 出泥含水率　　　　C. 絮体情况　　　　D. 气体压缩情况
答案：ABC

11. 带式脱水机常用的絮凝剂和助凝剂有（　　）。
A. 高分子絮凝剂　　　B. 铁盐　　　　C. 石灰　　　　D. 硅藻土
答案：ABC

12. 消化池沼气搅拌时的观测点有（　　）。
A. 浮渣　　　　B. 泡沫　　　　C. 絮体情况　　　　D. 温度
答案：ABC

13. 在实际运行中，常用的干式柔膜气柜不可调整的运行参数有（　　）。
A. 气柜压力　　B. 气柜储存气量　　C. 气柜中甲烷含量　　D. 气柜容积
答案：AD

14. 在实际运行中，消化池要定期检查的参数有（　　）。
   A. 消化池的进泥量　　B. 消化池的加热量　　C. 消化池的换热量　　D. 消化池的排泥量
   答案：ABCD

15. 影响消化池加热的因素有（　　）。
   A. 热水量　　　　　　B. 进泥量　　　　　　C. 阀门开度　　　　　D. 热水温度
   答案：ABCD

16. 消化池经常出现压力异常，可能的原因有（　　）。
   A. 消化池进的剩余污泥比较多　　　　　B. 消化池进泥中表面活性物质比较多
   C. 消化池阻火器故障　　　　　　　　　D. 消化池搅拌力度过高
   答案：ABC

17. 消化后的污泥颜色呈灰色且气味发酸，可能的原因有（　　）。
   A. 消化池 pH 过低　　　　　　　　　　B. 消化池进泥量过大
   C. 消化池可能存在搅拌不充分的现象　　D. 消化池进泥量过小
   答案：ABC

三、简答题

1. 简述月度生产计划的主要编制内容。

答：月度生产计划的编制内容主要包括生产处理质量指标（如污泥处理量、处理标准等）、生产材料（含药剂）需求量及采购、月度动力费用、设备设施月度维修内容以及月度其他重点工作等。

2. 以下是某厂污泥离心脱水机运行报表，请对报表内出现的问题进行分析。

处理原泥量/m³	8905	原泥含水率/%	97.33
絮凝剂投药量/kg	700	泥饼产量/t	995
絮凝剂送药量/t	0	用电量/(kW·h)	12.3
泥饼含水率/%	83.31	备注	

答：(1) 利用原泥进行干泥量计算得：$8905 \times (100 - 97.33) = 237.76$ t

(2) 利用脱泥泥饼计算干泥量得：$995 \times (100 - 83.31) = 166.06$ t

(3) 计算固体回收率得：$(166.06/237.76) \times 100\% \approx 69.8\%$

可知该厂离心脱水机固体回收率低。

3. 热水解系统浆化罐出泥压力高并报警，简述原因及解决办法。

答：(1) 原因分析：工艺气冷凝水罐液位高，水射器负压抽吸停止；反应罐都在走空罐程序，工艺气量大，造成排放不及时；工艺气管道堵塞或冷凝水形成水封。

(2) 解决办法：检查工艺气冷凝水罐状态，恢复水射器负压抽吸装置；调整反应罐间隔时间，错开工艺气排放时间；进入冷泥冷却浆化罐；对工艺气管道进行冲洗；增加消化池工艺气管的坡度，利于冷凝水的回流。

4. 消化池温度明显上升，简述原因及解决办法。

答：(1) 原因分析：换热系统故障、堵塞造成消化池进泥温度高；消化池循环泵故障造成在线仪表测量误差大；消化池进泥不均匀，消化池进泥增加，温度上升。

(2) 解决方法：应首先确保换热系统设备能够正常运行，若发现出泥温度升高应及时清理换热器；检查污泥循环系统运行是否正常，及时更换备用泵；检查消化池进泥程序是否都在自动运行，减少消化池进泥量，增加稀释水投加比例。

5. 某日，某运转工发现消化系统锅炉的进气压力异常，计算机显示沼气进气压力较低，故锅炉无法自动点火。简述作为一名运转人员，应如何解决此问题。

答：(1) 填写运行记录，记录锅炉房沼气进气管线压力异常的发生时间，并报告班长。

(2) 到现场实地查看并检查锅炉房沼气增压机的运转情况，查看其有无异常振动，并记录增压前后沼气的压力情况。若实地检查发现沼气经增压后的压力与计算机监控画面的沼气压力数值不一致，则表明计算机界面上沼气进气压力表发生故障，应进行维修；若现场压力显示与实际压力显示一致，则表明沼气管线压力确实出现问题，应排除故障。

(3) 查看消化池进泥是否正常，消化池产气是否正常。若消化池进泥和产气都正常，则说明消化系统是因为其他用气设备消耗沼气量较多或者锅炉房沼气进气管存在误操作等导致的(如阀门开启一半或者没有完全打开；或者沼气管线冷凝水过多，堵塞沼气管线)。检查沼气柜沼气的存储情况，若气柜正常、沼气管线阀门开启情况正常、沼气管线冷凝水排放情况正常，则应暂时关闭废气燃烧器，再查看锅炉房沼气进气压力的情况。

(4) 在排查过程中，要详细记录排查情况，并将阶段性的进展及时报告给班长。

(5) 对于设置有热水解与消化系统耦合的高级厌氧消化系统的厂站，在锅炉出现问题时，还要及时通知热水解值班人员。

四、实操题

1. 简述校准静压式液位计的操作步骤。

答：(1) 拆下静压液位计，将手操泵一端输出接在精密压力表上，另一端输出接在液位计探头的压力感应器上。

(2) 将直流24V电源正负极接在变送器的相应端子上。将精密电流表串入直流24V电源回路里。

(3) 用手操泵加压，查看电流表显示的电流与液位计对应的液位数值，检验零点到最高液位的各点与电流值的线性关系。

(4) 检测压力表从最小压力到最大压力与电流表的电流从最大值至最小值的对应线性关系，压力随液位的变化产生相应的变化，以此来模拟液位的变化。

(5) 如线性误差超出规定范围(相对误差在0.25%之内为合格)，应通过调节探头电流的最大值、最小值来修订。此仪表误差范围根据不同量程、不同需要，以满足使用要求为准，误差超出0.25%应考虑更换。

2. 简述用比较法校准电阻式温度传感器的操作步骤。

答：(1) 拆下电阻温度计，将经过热源加热的水注入容器内。

(2) 将玻璃温度计固定在水槽内与温度计探头同样的深度，用万用表测量变送器阻值，并记录当时水温(如在0℃时，阻值为100Ω)。

(3) 对应电阻分度表测量多个温度点的探头温度电阻值，检验所测的探头线性误差是否在规定范围内。如超出误差规定范围(相对误差在0.25%之内为合格)。应根据超出的范围串接一个恒定值的电阻；如误差过大应更换探头。

3. 简述备用泵倒换的步骤。

答：(1) 关闭停用泵的前后阀门，将停用泵状态改为"就地"，并下电。

(2) 打开启用泵的前后阀门及上下游管道阀门。

(3) 将启用泵上电，并现场点动检查正反转及运行状态。

(4) 确认泵良好即可投入运行。

4. 简述校准在线超声波式液位计的操作步骤。

答：(1) 查看所校准的液位计显示仪表是否正常。在显示正常的情况下，将与其液位相符的标准高度尺插入超声波液位计所测的水中(或观察孔中)，测量液面到池底的实际高度。

(2) 取出标高尺查看测量高度并记录，根据测量高度计算实际液位。

(3) 查看所测的实际高度与液位计显示的水位高度是否相符并记录。如显示数值不符，按仪表说明书查看其零点(从探头到工艺所设计的零液位点)与最大值(从零点向探头方向的最高液位值)有无浮移，如有浮移现象，要根据说明书进行修订。

(4) 修订完后，再实测2~4个不同时段的液位高度，与液位计显示高度进行比对。零点与最大值修订后，显示液位与实际液位对比，如超出允许误差范围(相对误差在1%之内为合格)，应更换液位计。

第四章

技　师

第一节　安全知识

一、单选题

1. 有限空间作业中断超过（　　），作业人员再次进入有限空间作业前，应当重新通风，检测合格后方可进入。
　　A. 10min　　　　　　B. 20min　　　　　　C. 30min　　　　　　D. 40min
　　答案：C

2. 下列不属于直接触电防护措施的是（　　）。
　　A. 绝缘　　　　　　B. 间隔　　　　　　C. 安全电压　　　　　　D. 个人防护
　　答案：D

3. 由于（　　），易造成有毒有害气体积聚或氧含量不足，形成有限空间。
　　A. 自然通风不良　　B. 机械通风量不足　　C. 环境阴暗潮湿　　D. 空间不适合人员长期作业
　　答案：A

4. 下列对有限空间内空气检测描述正确的是（　　）。
　　A. 对任何可能造成职业危害、人员伤亡的有限空间场所作业应坚持先通风、再检测、后作业原则
　　B. 作业前进行通风、检测后即可下井作业，无须进行持续检测和通风
　　C. 监护人员不仅保证作业人员的安全，还承担着气体检测的任务
　　D. 检测时，应当记录检测的时间、地点、气体种类、浓度等信息，监护人员在检测记录上签字后存档
　　答案：A

5. 下列对有限空间作业描述正确的是（　　）。
　　A. 佩戴呼吸器进入有限空间作业时，应作业完毕后返回地面，无须随时掌握呼吸器气压值，判断作业时间和行进距离
　　B. 作业人员须配备并使用空气呼吸器或软管面具等隔离式呼吸保护器具，也可使用过滤式面具
　　C. 对不能采用通风换气措施或受作业环境限制不易充分通风换气的场所，必须配备使用隔离室呼吸保护器具
　　D. 当听到空气呼吸器的报警音后，无须立即返回地面，因为此报警为提醒作业时间间隔
　　答案：C

6. 下列对有限空间通风置换描述正确的是（　　）。
　　A. 发现通风设备停止运转、有限空间内氧含量浓度低于或者有毒有害气体浓度高于国家标准或者行业标准规定的限值时，必须立即停止有限空间作业，清点作业人员，撤离作业现场
　　B. 进入自然通风换气效果不良的有限空间，应采用机械通风，通风换气次数每小时不能少于 2 次
　　C. 自然通风优于机械通风

D. 通风过程中，人员应撤出有限空间内，停止作业

答案：A

7. 下列对危险源防范技术控制措施概念的描述错误的是( )。

A. 减弱措施，当消除危险源有困难时，可采取适当的预防措施

B. 消除措施，通过选择合适的工艺、技术、设备、设施，合理结构形式，选择无害、无毒或不能致人伤害的物料来彻底消除某种危险源

C. 隔离措施，在无法消除、预防和隔离危险源的情况下，应将人员与危险源隔离并将不能共存的物质分开

D. 连锁措施，当操作者失误或设备运行达到危险状态时，应通过连锁装置终止危险、危害发生

答案：A

8. 防止触电的安全技术措施是( )造成触电事故，以及防止短路、故障接地等电气事故的主要安全措施。

A. 防止雷击或火灾　　　　　　　　B. 防止人体触及或过分接近带电体

C. 防止进入高压作业区域　　　　　D. 临时搭接用电线路

答案：B

9. 下列对直接触电防护措施描述错误的是( )。

A. 绝缘，即用绝缘的方法来防止触及带电体，不让人体和带电体接触，从而避免发生触电事故

B. 屏护，即用屏障或围栏防止触及带电体，设置的屏障或围栏与带电体距离较近

C. 障碍，即设置障碍以防止无意触及带电体或接近带电体，但不能防止有意绕过障碍去触及带电体

D. 间隔，即保持间隔以防止无意触及带电体

答案：B

10. 下列对触电防护措施描述错误的是( )。

A. 可单独用涂漆、漆包等类似的绝缘来防止触电

B. 易于接近的带电体，应保持在手臂所及范围之外

C. 漏电保护只用作附加保护，不应单独使用

D. 可根据场所特点，采用相应等级的安全电压防止触电事故发生

答案：A

11. 漏电保护装置动作电流不宜超过( )。

A. 100mA　　　　B. 80mA　　　　C. 50mA　　　　D. 30mA

答案：D

12. 下列关于电气设备管理的描述不正确的是( )。

A. 所有电气设备都应有专人负责保养

B. 所有电气设备均不应该露天放置

C. 在进行卫生作业时，不要用湿布擦拭或用水冲洗电气设备，以免触电或使设备受潮、腐蚀而形成短路

D. 不要在电气控制箱内放置杂物，也不要把物品堆置在电气设备旁边

答案：B

13. 下列描述正确的是( )。

A. 如需拉接临时电线装置，必须向有关管理部门办理申报手续，经批准后，方可进行接电

B. 如接到临时任务，可先自行接电，后续补办临时用电审批

C. 严禁不经请示私自乱拉乱接电线

D. 对已批准安装的临时线路，应指定专人负责到期进行拆除

答案：C

14. 污水池必须有栏杆，栏杆高度高于( )，确保坚固、可靠，同时悬挂警示牌。

A. 0.6m　　　　B. 0.8m　　　　C. 1m　　　　D. 1.2m

答案：D

15. 从事高处作业人员应严格依照( )操作，杜绝违章行为。

A. 公司规范　　B. 地方法规　　C. 操作规程　　D. 安全交底

答案：C

16. 下列关于高处作业管理的描述错误的是( )。
A. 不准随便越栏工作，越栏工作必须穿好防护设备，并由专人监护
B. 从事高处作业人员应注意身体重心，注意用力方法，防止因身体重心超出支承面而发生事故
C. 在需要职工工作的通道上要设置开关可靠的活动护栏，方便工作
D. 为保证池上走道不能太光滑，应将池上走道设置为高低不平
答案：D

17. 下列对防火防爆安全管理的说法正确的是( )。
A. 加强教育培训，确保员工掌握有关安全法规、防火防爆安全技术知识
B. 消防水带、消火栓等不需进行日常检查
C. 定期或不定期开展安全检查，及时发现并消除安全隐患
D. 配备专用有效的消防器材、安全保险装置和设施
答案：B

18. 重点防火防爆区的电机、设备设施都要用( )，并安装检测、报警器。
A. 暗路敷设　　　　B. 明线敷设　　　　C. 防爆类型　　　　D. 直流电
答案：C

19. 污水处理厂常用可能发生机械伤害的机械设备包括( )。
A. 压力储罐　　　　B. 格栅除污机　　　　C. 电动葫芦　　　　D. 电气控制柜
答案：B

20. 在设计过程中，对操作者容易触及的可转动零部件应尽可能封闭，对不能封闭的零部件必须( )。
A. 配置必要的安全防护装置　　　　　　B. 移动至其他位置进行封闭
C. 去除该部位的转动部件　　　　　　　D. 张贴安全警示标志
答案：A

21. 下列对机械设备安全管理的描述错误的是( )。
A. 操作机械设备时，按照机械设备上张贴的操作规程和注意事项操作，机械设备上未张贴的，可任意操作
B. 对工艺过程中会产生粉尘和有害气体或有害蒸汽的设备，应采用自动加料、自动卸料装置，并要有吸入、净化和排放装置
C. 对有害物质的密闭系统，应避免跑、冒、滴、漏，必要时应配置检测报警装置
D. 对生产剧毒物质的设备，应有渗漏应急救援措施等
答案：A

22. 机械设备布局要合理，机械设备间距要求：小型设备不小于( )；中型设备不小于( )；大型设备不小于( )。
A. 0.5m, 0.6m, 1m　　B. 0.8m, 1m, 1.2m　　C. 0.7m, 1m, 2m　　D. 0.7m, 1.2m, 1.8m
答案：C

23. 机械设备布局要合理，设备与墙、柱间距要求：小型设备不小于( )；中型设备不小于( )；大型设备不小于( )。
A. 0.5m, 0.7m, 1m　　B. 0.7m, 0.8m, 0.9m　　C. 0.9m, 1.2m, 1.5m　　D. 0.7m, 1m, 1.5m
答案：B

24. 机械伤害防护，首先应在( )时予以充分考虑。
A. 运行　　　　B. 安装　　　　C. 调试　　　　D. 设计
答案：D

25. 对危险部位安全防护的最后一步防护是( )。
A. 安全操作要求　　B. 材料要求　　C. 安装要求　　D. 个人防护要求
答案：D

26. 下列对机械设备安全防护的描述错误的是( )。
A. 为提高机械设备零、部件的安全可靠性，在必要地点必须设置防滑、防坠落及预防人身伤害的防护装置
B. 为提高机械设备零、部件的安全可靠性，必须有安全控制系统，如配置自动监控系统、声光报警装置等

C. 带传动装置既具有一般传动装置的共性，又具有容易断带的个性
D. 带传动装置的风险隐患为传动带断带，无人体卷入风险
答案：D

27. 设置完全封闭的链条防护罩的目的不包括(　　)。
A. 防尘　　　　　　B. 减少磨损　　　　　C. 防止人身伤害　　　D. 美观
答案：D

28. 下列有限空间相关概念及术语错误的是(　　)。
A. 有限空间是指封闭或部分封闭，进出口较为狭窄有限，未被设计为固定工作场所，自然通风不良，易造成有毒有害、易燃易爆物质积聚或氧含量不足的空间
B. 有限空间作业是指作业人员进入有限空间实施的作业活动
C. 人体通过一个入口进入密闭空间，必须是在该空间中工作或身体全部通过入口
D. 吊救装备为抢救受害人员所采用的绳索、胸部或全身的套具、腕套、升降设施等
答案：C

29. 下列属于有害环境的是(　　)。
A. 可燃性气体、蒸汽和气溶胶的浓度超过爆炸下限的12%
B. 空气中爆炸性粉尘浓度达到或超过爆炸上限
C. 空气中氧含量在18%~21%
D. 空气中有害物质的浓度超过职业接触限值
答案：D

30. 下列不属于有限空间作业准入者的是(　　)。
A. 监护人员　　　　B. 作业人员　　　　C. 检测人员　　　　D. 现场负责人
答案：A

31. 有限空间的分类包括(　　)。
A. 地下有限空间　　B. 地上有限空间　　C. 密闭设备　　　　D. 以上均正确
答案：D

32. 下列对污水处理厂工作环境中存在的毒害气体的描述错误的是(　　)。
A. 硫化氢是无色有臭鸡蛋味的毒性气体
B. 甲烷是无色、无味、易燃易爆的气体，比空气重
C. 空气中如含有8.6%~20.8%(按体积计算)的沼气时，就会形成爆炸性的混合气体
D. 一氧化碳是一种无色无味的剧烈毒性气体
答案：B

33. 沼气的主要成分是(　　)。
A. 氢气　　　　　　B. 一氧化碳　　　　C. 甲烷　　　　　　D. 二氧化硫
答案：C

34. 污水中的甲烷气体主要是由其(　　)中的含碳、含氮有机物质在供氧不足的情况下，分解出的产物。
A. 水中微生物　　　　　　　　　　　　B. 沉淀污泥
C. 水中化学物质　　　　　　　　　　　D. 水面上方挥发出的气体
答案：B

35. 下列对毒害气体描述错误的是(　　)。
A. 甲烷对人基本无毒，但浓度过量时使空气中氧含量明显降低，使人窒息
B. 硫化氢浓度越高时，对呼吸道及眼的局部刺激越明显
C. 当硫化氢浓度超高时，人体内游离的硫化氢在血液中来不及氧化，则引起全身中毒反应
D. 硫化氢的化学性质不稳定，在空气中容易爆炸
答案：B

36. 下列对毒害气体描述错误的是(　　)。
A. 爆炸是物质在瞬间以机械功的形式释放出大量气体和能量的现象，压力的瞬时急剧升高是爆炸的主要

特征

B. 有限空间内，可能存在易燃或可燃的气体、粉尘，与内部的空气发生混合，将可能引起燃烧或爆炸

C. 一氧化碳在空气中含量达到一定浓度范围时，极易使人中毒

D. 沼气是多种气体的混合物，99%的成分为甲烷

答案：D

37. 外界正常大气环境中，按照体积分数，平均的氧气浓度约为（　　）。

A. 19.25%　　　　B. 20.05%　　　　C. 20.25%　　　　D. 20.95%

答案：D

38. 下列不属于有限空间作业负责人职责的是（　　）。

A. 应与监护者进行有效的操作作业、报警、撤离等信息沟通

B. 了解整个作业过程中存在的危险危害因素

C. 确认作业环境、作业程序、防护设施、作业人员符合要求后，授权批准作业

D. 及时掌握作业过程中可能发生的条件变化，当有限空间作业条件不符合安全要求时，终止作业

答案：A

39. 下列不属于有限空间监护人员职责的是（　　）。

A. 防止未经授权的人员进入

B. 全过程掌握作业者作业期间情况，保证在有限空间外持续监护，能够与作业者进行有效的操作作业、报警、撤离等信息沟通

C. 在紧急情况时向作业者发出撤离警告，必要时立即呼叫应急救援服务，并在有限空间外实施紧急救援工作

D. 遵守有限空间作业安全操作规程，正确使用有限空间作业安全设施和个人防护用品

答案：D

40. 下列关于硫化氢描述错误的是（　　）。

A. 硫化氢的局部刺激作用，系由于接触湿润黏膜与钠离子形成的硫化钠引起

B. 工作场所空气中化学物质容许浓度中明确指出，硫化氢最高容许浓度为 $10mg/m^3$

C. 轻度硫化氢中毒是以刺激症状为主，如眼刺痛、畏光、流泪、流涕、鼻及咽喉部烧灼感，可有干咳和胸部不适，结膜充血

D. 中度硫化氢可在数分钟内发生头晕、心悸，继而出现躁动不安、抽搐、昏迷，有的出现肺水肿并发肺炎，最严重者发生电击型死亡

答案：D

41. 甲烷的爆炸极限为（　　）。

A. 5%～20%　　　B. 5%～10%　　　C. 5%～15%　　　D. 10%～15%

答案：C

42. 危险化学品是指具有毒害、腐蚀、爆炸、（　　）、助燃等性质，对人体、设施、环境具有危害的剧毒化学品和其他化学品。

A. 灼伤　　　　B. 燃烧　　　　C. 辐射　　　　D. 触电

答案：B

43. 危险化学品目录（2015版）中已纳入（　　）类属条目危险化学品。

A. 26　　　　B. 27　　　　C. 28　　　　D. 29

答案：C

44. 爆炸物质是这样一种固态或液态物质（或物质的混合物），其本身能够通过（　　）产生气体，而产生气体的温度、压力和速度能对周围环境造成破坏。

A. 物理反应　　　B. 化学反应　　　C. 生物反应　　　D. 中和反应

答案：B

45. 爆炸物质是一种固态或液态物质（或物质的混合物），其本身能够通过化学反应产生气体，而产生气体的温度、（　　）和速度能对周围环境造成破坏。

A. 压力　　　　　　B. 物质　　　　　　C. 气流　　　　　　D. 产物

答案：A

46. 发火物质是一种物质或物质的混合物，它旨在通过非爆炸自持（　　）化学反应产生的热、光、声、气体、烟或所有这些的组合来产生效应。

A. 快速　　　　　　B. 中和　　　　　　C. 放热　　　　　　D. 吸热

答案：C

47. 化学品安全技术说明书是一份关于危险化学品燃爆、毒性和环境危害以及（　　）、泄漏应急处置、主要理化参数、法律法规等方面信息的综合性文件。

A. 安全使用　　　　B. 辐射　　　　　　C. 灼伤　　　　　　D. 性质

答案：A

48.《危险化学品安全管理条例》第十四条中明确规定：生产危险化学品的，应当在危险化学品的包装内附有与危险化学品完全一致的（　　），并在包装（包括外包装）上加贴或者拴挂与包装内危险化学品完全一致的化学品安全标签。

A. 化学品说明书　　　　　　　　　　B. 化学品技术安全说明书
C. 化学品安全技术说明书　　　　　　D. 化学品安全说明书

答案：C

49.《危险化学品安全管理条例》第十四条中明确规定：生产危险化学品的，应当在危险化学品的包装内附有与危险化学品完全一致的化学品安全技术说明书，并在包装（包括外包装）上加贴或者拴挂与包装内危险化学品完全一致的（　　）。

A. 化学品安全标签　B. 应急说明　　　　C. 理化参数　　　　D. 使用说明

答案：A

二、多选题

1. 有限空间作业现场应该进行的操作包括（　　）。

A. 空气检测　　　　B. 通风置换　　　　C. 人员监护
D. 交叉作业　　　　E. 照明良好

答案：ABC

2. 下列属于作业人员对危险源的日常管理的是（　　）。

A. 上岗前由班组长查看值班人员精神状态　　B. 按安全检查表进行日常安全检查
C. 危险作业须经过审批方准操作　　　　　　D. 对所有活动均应按要求认真做好记录
E. 按安全档案管理的有关要求建立危险源的档案，并指定专人保管，定期整理

答案：BCDE

3. 下列对毒害气体描述正确的是（　　）。

A. 爆炸是物质在瞬间以机械功的形式释放出大量气体和能量的现象，压力的瞬时急剧升高是爆炸的主要特征
B. 有限空间内，可能存在易燃或可燃的气体、粉尘，与内部的空气发生混合，将可能引起燃烧或爆炸
C. 沼气是多种气体的混合物，99%的成分为甲烷
D. 一氧化碳在空气中含量达到一定浓度范围时，极易使人中毒
E. 一氧化碳属于易燃易爆有毒气体，与空气混合能形成爆炸性混合物，遇明火、高热能引起燃烧与爆炸

答案：ABDE

4. 发火物质（或发火混合物）是一种物质或物质的混合物，它旨在通过非爆炸自持放热化学反应产生的（　　）、烟或所有这些的组合来产生效应。

A. 气体　　　　　　B. 声　　　　　　　C. 光　　　　　　　D. 热

答案：ABCD

5. 化学品安全技术说明书是一份关于（　　）、法律法规等方面信息的综合性文件。

A. 危险化学品燃爆　　　　　　　　　　B. 毒性和环境危害以及安全使用

C. 泄漏应急处置 D. 主要理化参数

答案：ABCD

6. 制定安全生产规章制度的依据包括（ ）。
   A. 法律、法规的要求 B. 生产发展的需要
   C. 劳动生产率提高的需要 D. 企业安全管理的需要

   答案：ABD

7. 安全生产教育培训制度是指落实安全生产法有关安全生产教育培训的要求，规范企业安全生产教育培训管理，（ ）。
   A. 监督各项安全制度的实施 B. 提高员工安全知识水平
   C. 提高员工实际操作技能 D. 有效发现和查明各种危险和隐患

   答案：BC

8. 安全生产检查制度安全检查是安全工作的重要手段，通过制定安全检查制度，（ ），制止违章作业，防范和整改隐患。
   A. 监督各项安全制度的实施 B. 提高员工安全知识水平
   C. 提高员工实际操作技能 D. 有效发现和查明各种危险和隐患

   答案：AD

9. 应急预案管理和演练制度是指落实《生产安全事故应急预案管理办法》《生产经营单位安全生产事故应急预案编制导则》等有关规定要求，预防和控制潜在的事故或紧急情况发生时，（ ）。
   A. 提高员工安全知识水平 B. 监督各项安全制度的实施
   C. 最大限度地减轻可能产生的事故后果 D. 做出应急预警和响应

   答案：CD

10. 以下属于污水处理厂常见有限空间的是（ ）。
    A. 竖井 B. 下水道泵站
    C. 格栅间 D. 污泥储存或处理设施

    答案：ABCD

11. 封闭是指作业前，应封闭作业区域并在出入口周边显著位置设置（ ）。
    A. 应急处置方案 B. 作业指导书 C. 警示标识 D. 安全标志

    答案：CD

12. 关于用电安全，以下描述正确的是（ ）。
    A. 公共用电设备或高压线路出现故障时，要请电力部门处理
    B. 不乱动、乱摸电气设备
    C. 不用手或导电物如铁丝、钉子、别针等金属制品去接触、试探电源插座内部
    D. 使用中经常接触的配电箱、配电盘、闸刀、按钮、插座、导线等要完好无损

    答案：ABCD

13. 关于用电安全，以下描述不正确的是（ ）。
    A. 公共用电设备或高压线路出现故障时，要请电力部门处理
    B. 打扫卫生、擦拭设备时，必须清理干净，用湿布去擦拭电气设备
    C. 用水冲洗电气设备，不会导致短路和触电事故
    D. 破损或将带电部分裸露，有露头、破头的电线、电缆杜绝使用

    答案：BC

14. 发现有人触电时，要（ ）。
    A. 设法及时关掉电源 B. 用干燥的木棍等物将触电者与带电的电器分开
    C. 用手去直接救人 D. 拿起身边任何物体使触电者与带电的电器分开

    答案：AB

15. 应急响应主要任务包括（ ）。
    A. 接警与通知 B. 警报和紧急公告 C. 信息网络的建立 D. 公众知识的培训

答案：AB

16. 应急准备主要任务包括(　　)。
A. 接警与通知　　　　B. 警报和紧急公告　　　C. 信息网络的建立　　　D. 公众知识的培训
答案：CD

17. 应急准备主要任务不包括(　　)。
A. 接警与通知　　　　B. 应急队伍的建设　　　C. 通讯　　　　　　　D. 事态监测与评估
答案：ACD

18. 关于伸手救援描述正确的有(　　)。
A. 是指借助某些物品(如木棍等)的把落水者拉出水面的方法
B. 使用该法救援时存在很大的风险
C. 救援者稍加不慎就容易被淹溺者拽入水中
D. 不推荐营救者使用该方式救援落水者
答案：BCD

19. 关于灭火通常采用的方法描述正确的有(　　)。
A. 冷却灭火法就是将灭火剂直接喷洒在可燃物上，使可燃物的温度降低到自燃点以下，从而使燃烧停止
B. 冷却灭火法适用于扑救各种固体、液体、气体火灾
C. 隔离灭火法是将燃烧物与附近可燃物隔离或者疏散开，从而使燃烧停止
D. 抑制灭火法即采取适当的措施，阻止空气进入燃烧区，或惰性气体稀释空气中的氧含量，使燃烧物质缺乏或断绝氧而熄灭，适用于扑救封闭式的空间、生产设备装置及容器内的火灾
答案：AC

20. 当设备内部出现冒烟、拉弧、焦味或着火等不正常现象时，应立即切断设备的电源，再实施灭火，并通知电工人员进行检修，避免发生触电事故。灭火应用(　　)等灭火器材灭火。
A. 黄沙　　　　　　　B. 二氧化碳　　　　　　C. 四氯化碳　　　　　　D. 泡沫
答案：ABC

21. 设备中的保险丝或线路当中的保险丝损坏后千万不要用(　　)代替，空气开关损坏后应立即更换，保险丝和空气开关的大小一定要与用电容量相匹配，否则容易造成触电或电气火灾。
A. 铝线　　　　　　　B. 保险线　　　　　　　C. 铁线　　　　　　　　D. 铜线
答案：ACD

22. 危险化学品安全技术说明书的主要作用包括(　　)。
A. 是化学品安全生产、安全流通、安全使用的指导性文件
B. 是应急作业人员进行应急作业时的技术指南
C. 为制订危险化学品安全操作规程提供技术信息
D. 是企业进行安全教育的重要内容
答案：ABCD

23. 安全生产法规定，生产经营单位应对重大危险源应急管理方面应承担的管理职责有(　　)。
A. 进行重大危险源的申报
B. 制定重大危险源事故应急救援预案
C. 告知从业人员和相关人员在紧急情况下应采取的措施
D. 有关事故应急措施应经过当地安全监管部门审批
答案：ABC

三、简答题

1. 危险化学品安全技术说明书的主要作用是什么？
答：(1)是化学品安全生产、安全流通、安全使用的指导性文件。
(2)是应急作业人员进行应急作业时的技术指南。
(3)为危险化学品、生产、贮置、贮存和使用各环节制订操作规程，提供技术信息。

(4)是企业进行安全教育的重要内容。
(5)为危害控制和预防措施的设计提供技术依据。

2. 使用易燃品特殊安全操作规程是什么?
答:(1)不许将易燃危险品放置在明火附近和试验地区附近。
(2)在贮存易着火的物质的周围不应有明火作业。
(3)工作地点应有良好的通风,四周不可放置有可燃性的物料。
(4)工作时要穿戴合理的防护器具,如护目镜、防护手套等。
(5)可燃的尤其是易挥发的可燃物,应存放在密闭的容器中,不许用无盖的开口容器贮存。

3. 使触电者脱离电源的方法有哪几种?
答:(1)关闭电源开关,拔去插头或熔断器。
(2)用干燥的木棒、竹竿等非导电物品移开电源或使触电人员脱离电源。
(3)用平口钳、斜口钳等绝缘工具剪断电线。

四、实操题

1. 简述有限空间作业的正确步骤。
答:(1)作业准备;(2)作业审批;(3)封闭作业区域及放置安全警示;(4)安全交底;(5)设备安全检查;(6)开启出入口;(7)安全隔离;(8)检测分析;(9)通风换气;(10)个体防护;(11)安全作业;(12)安全监护;(13)作业后清理。

第二节 理论知识

一、单选题

1. 在正交布置的前提下,沿河岸铺设主干管,并将各干管的污水截流送至污水处理厂指的是(   )。
A. 截流式布置   B. 平行布置   C. 分散布置   D. 环绕布置
答案:A

2. 道路上的雨水口间距一般为(   ),在低洼和易积水的地段,应根据需要适当增加雨水口。
A. 5~10m   B. 10~20m   C. 25~50m   D. 50m以上
答案:C

3. 具有污水排水系统、雨水排水系统,环保效益好的是(   )。
A. 直流式合流制排水   B. 截流式合流制排水   C. 不完全分流制排水   D. 完全分流制排水
答案:D

4. 设置在街道下,用以排除居住小区管道流来的污水指的是(   )。
A. 室内污水管道系统   B. 街道污水管道系统   C. 污水泵站及压力管道   D. 污水处理厂
答案:B

5. 沿四周布设主干管,将各干管的污水截流送至污水处理厂指的是(   )。
A. 截流式布置   B. 平行布置   C. 分散布置   D. 环绕布置
答案:C

6. 当检查井内衔接的上下游管渠的管底标高跌落差大于1m时,为了降低水流速度,防止冲刷,在检查井内应设消能措施,这种检查井称为(   )。
A. 跌水井   B. 水封井   C. 冲洗井   D. 防潮井
答案:A

7. 依靠重力输送污水至泵站、污水处理厂或水体管道系统的是(   )。
A. 室内污水管道系统   B. 室外污水管道系统   C. 污水泵站及压力管道   D. 污水处理厂
答案:B

8. 革兰氏阳性菌的细胞壁的主要组成物质是(　　)。
A. 单糖　　　　　　B. 蛋白质　　　　　　C. 多糖　　　　　　D. 肽聚糖
答案：D

9. 活性污泥中细菌的主要存在形式是(　　)。
A. 单细胞　　　　　B. 多细胞　　　　　　C. 细胞多体　　　　D. 菌胶团
答案：D

10. 下列不是影响细菌生长条件的是(　　)。
A. 温度　　　　　　B. 酸碱度　　　　　　C. 湿度　　　　　　D. 氧化还原电位
答案：C

11. 降压变压器原边的特点是(　　)。
A. 电压高、电流小　B. 电压低、电流大　　C. 电压高、电流大　D. 电压低、电流小
答案：A

12. 日光灯的功率因数为0.44，要提高到0.95，则应并联一个(　　)左右的电容器。
A. 4.7pF　　　　　　B. 4.7uF　　　　　　C. 4.7F　　　　　　D. 0.47F
答案：B

13. 在自控系统中，随动系统是把(　　)的变化作为系统的输入信号。
A. 测量值　　　　　B. 给定值　　　　　　C. 偏差值　　　　　D. 干扰值
答案：B

14. 变送器的压力与电流的对应点(　　)。
A. 相对误差在0.15%之内为合格　　　　　　B. 相对误差在0.2%之内为合格
C. 相对误差在0.25%之内为合格　　　　　　D. 相对误差在0.3%之内为合格
答案：C

15. 回波式液位计的工作原理是通过一个可以发射能量波(一般为脉冲信号)的装置发射能量波，遇到大的密度(　　)变化界面发生反射，由一个接收装置接收反射信号。
A. 气—液—固　　　B. 液—气—固　　　　C. 气—固—液　　　D. 固—液—气
答案：A

16. 一般超声波式液位计在安装时应考虑盲区问题，因此(　　)。
A. 变送器探头必须高出液位计10cm　　　　B. 变送器探头必须高出液位计20cm
C. 变送器探头必须高出液位计50cm　　　　D. 超声波液位计没有盲区的问题
答案：C

17. 压力变送器在远距离传输或使用环境中，电网干扰较大的场合应使用的测信号传输方式是(　　)。
A. 两线制电压输出型　B. 两线制电流输出型　C. 四线制电流输出型　D. 四线制电压输出型
答案：B

18. 设备维护规定要做到懂(　　)。
A. 原理　　　　　　B. 性能、原理、构造　C. 事故处理、原理、构造、性能　D. 构造、原理
答案：C

19. 下列描述正确的是(　　)。
A. 有机污泥比重较小、含水率低且不易脱水　　B. 有机污泥比重较小、含水率高且不易脱水
C. 无机污泥比重较大、含水率高且易于脱水　　D. 无机污泥比重较小、含水率低且易于脱水
答案：B

20. 污泥处理处置的新技术为(　　)。
A. 消化　　　　　　B. 脱水　　　　　　　C. 热解　　　　　　D. 焚烧
答案：C

21. 通过热解、高压脉冲等技术，对有机污泥加大预处理，充分利用现况设施，可以提升(　　)的水平。
A. 污泥脱水性能　　B. 污泥处置　　　　　C. 污泥中有机质降解　D. 污泥资源化
答案：C

22. 有机污泥常被称为污泥，以（　　）为主要成分。
A. 无机物　　　　　B. 有机物　　　　　C. 重金属　　　　　D. 微生物
答案：B

23. 下列关于污泥处置的描述错误的是（　　）。
A. 污泥土地利用的主要途径有农用、园林与公路绿化、林地、草坪、育苗基质和生态修复与植被恢复等
B. 土地利用泥质要考虑污泥中的养分和有机质的含量
C. 污泥焚烧对污泥含水率有要求，其中自持燃烧的污泥含水率应高于50%
D. 污泥填埋进场物料性能指标的严格控制是填埋作业、填埋场正常运行的先决条件
答案：C

24. 下列关于污泥处置的描述错误的是（　　）。
A. 污泥填埋操作相对简便、投资少
B. 受土地资源使用限制和环境风险影响，污泥填埋只能作为污泥处理处置的阶段性应急处置方案
C. 污泥填埋方式主要分为单独填埋和混合填埋两种
D. 污泥填埋操作较简便，对填埋后的场所不用进行环境监测
答案：D

25. 污泥含水率由80%降低至60%时，体积减小到原来的（　　）。
A. 1/4　　　　　B. 1/3　　　　　C. 1/2　　　　　D. 3/4
答案：C

26. 含水率、有机份和（　　）是常用来表示污泥性质的指标。
A. 碱度　　　　　B. 悬浮物　　　　　C. 挥发性脂肪酸　　　　　D. pH
答案：D

27. 滚筒格栅主要由外壳、滚筒式网板、进水配水管、（　　）、毛刷、驱动装置和电控系统等组成。
A. 曝气系统　　　　　B. 过滤系统　　　　　C. 反冲洗系统　　　　　D. 净化系统
答案：C

28. 下列关于旋流沉砂器原理的描述不正确的是（　　）。
A. 旋流器本身无任何动力部件，需要外部提供一定的压力进而形成离心力
B. 砂砾等固体颗粒在离心力的作用下进行旋转运动
C. 粒径大的颗粒在旋流流场的作用下同时沿径向向外运动
D. 颗粒达到沉砂器器壁后速度越来越慢，最后沿旋流器的锥体段进入沉砂装置
答案：D

29. 下列对砂水分离器原理描述不正确的是（　　）。
A. 砂水混合液中的砂等沉淀物依靠自重慢慢地沉淀在带有螺旋叶片的U型槽底部
B. 上清液通过溢流板经出水管排到储泥池中
C. 砂等沉淀物通过无轴螺旋叶片输送至卸料口，落在垃圾箱中
D. 砂经过压榨后外运
答案：D

30. 目前，最主要的污泥均质调节手段主要是（　　）或料仓混合和螺旋输送机在线混合。
A. 储坑　　　　　B. 泥泵混合　　　　　C. 脱水机混合　　　　　D. 加水稀释混合
答案：A

31. 现况大型污泥处理设施均建有污泥料仓等均质设施，并设有（　　）等功能。
A. 浓度监控　　　　　B. 自动冲洗　　　　　C. 稀释、搅拌　　　　　D. 视频监控
答案：C

32. 污泥浓缩就是降低污泥中（　　）的含量，因其所占比例最大，故浓缩是减容的主要手段。
A. 毛细水　　　　　B. 孔隙水　　　　　C. 污泥颗粒吸附水　　　　　D. 颗粒内部水
答案：B

33. 下列关于重力浓缩的工作原理描述不正确的是（　　）。

A. 重力浓缩法适用于固体密度较小的场合
B. 重力浓缩本质上是一种沉淀工艺，属于压缩沉淀
C. 浓缩前，由于污泥浓度很高，颗粒之间彼此接触支撑
D. 浓缩开始之后，在上层颗粒的重力作用下，下层颗粒间隙中的水被挤出界面，颗粒之间相互拥挤得更加紧密

答案：A

34. 活性污泥在浓缩池的浓缩过程沉淀属于（　　）。
A. 集团沉淀　　　B. 压缩沉淀　　　C. 絮凝沉淀　　　D. 自由沉淀

答案：B

35. 利用污泥中固体与水的比重不同来实现的，用于浓缩比重较大的污泥和沉渣的污泥浓缩方法是（　　）。
A. 气浮浓缩　　　B. 重力浓缩　　　C. 离心浓缩　　　D. 化学浓缩

答案：B

36. 浓缩池的固体通量指单位时间内单位（　　）所通过的固体重量。
A. 体积　　　B. 表面积　　　C. 悬浮固体　　　D. 物质重量

答案：B

37. 固体通量是浓缩池的主要控制因素，根据固体通量可确定浓缩池的（　　）。
A. 截面面积、深度　　B. 污泥固体浓度　　C. 体积、深度　　D. 表面积、深度

答案：D

38. 离心脱水机的转速差是指（　　）与螺旋的转速之差，即两者之间的相对转速。
A. 差速器　　　B. 转鼓　　　C. 出渣口　　　D. 输送器

答案：B

39. 离心脱水机的（　　）对离心机内泥层厚度有直接的影响。
A. 堰板直径大小　　B. 转速差　　C. 进泥浓度　　D. 压力

答案：A

40. 比阻能非常准确地反映出污泥的真空过滤脱水性能和污泥的压滤脱水性能，但比阻不能准确地反映污泥的（　　）性能。
A. 浓缩　　　B. 离心脱水　　　A. 消化　　　B. 板框脱水

答案：B

41. 毛细吸水时间是指污泥中的毛细水在滤纸上渗透1cm距离所需要的时间，常用（　　）表示。
A. SCT　　　B. BOD　　　C. CST　　　D. LAS

答案：C

42. 污泥比阻和毛细系数时间是衡量污泥性能的两个不同的指标，它们各有优缺点。毛细吸水时间适用于所有污泥的脱水过程，但要求污泥泥样与待脱水的污泥的（　　）完全一致。
A. 有机份　　　B. pH　　　C. 含水率　　　D. 碱度

答案：C

43. 下列关于带式脱水机原理描述不正确的是（　　）。
A. 带式压滤脱水利用上下两条张紧的滤带夹带着污泥层，从一系列按规律排列的辊压筒中呈S形弯曲经过
B. 带式脱水机依靠滤带本身的张力形成对污泥层的压榨力和剪切力，把污泥的内部水挤压出来
C. 絮凝后的物料在重力区脱去大量水分，流动性变差，为之后的挤压脱水创造条件
D. 由上下滤带所形成的楔形区对所夹持物料施加挤压力，进行预压脱水，以满足压榨脱水段对物料含液量和流动性的要求

答案：B

44. 污泥焚烧时，焚烧炉内的温度宜（　　）。
A. 大于500℃　　B. 大于700℃　　C. 大于900℃　　D. 大于1000℃

答案：B

45. 污泥焚烧过程分为四个阶段，当污泥温度升高至300~400℃时，处在（　　）阶段。

A. 蒸发污泥外部结合水 B. 蒸发污泥内部结合水
C. 污泥分解 D. 污泥燃烧
答案：C

46. 污泥消化液的碱度主要取决于（　　）的含量。
A. COD B. BOD C. 氨氮 D. 磷酸盐
答案：C

47. 下列关于污泥厌氧消化原理的描述不正确的是（　　）。
A. 污泥消化分类方法有很多，一般分为传统厌氧消化工艺、两级厌氧消化工艺、两相厌氧消化工艺
B. 采用热水解、热碱、超声波等预处理技术的消化系统称为高级厌氧消化
C. 两级厌氧消化中，一级消化池产生的沼气量约占全部产气量的50%
D. 二级消化池兼具浓缩和后储泥池的功能
答案：C

48. 关于单级消化和二级消化，下列描述不正确的是（　　）。
A. 单级消化是指污泥消化和沉降在一座消化池内进行
B. 在一级消化池内设有集气、加热、搅拌等设备，不排上清液
C. 两级消化是指将污泥消化过程分为两池串联进行，将消化和沉降分为两个池子进行
D. 二级消化池中设有集气设备、撇除上清液装置，设置加热和搅拌系统，污泥在二级消化池内完成最后消化
答案：D

49. 污泥中的挥发性有机物的产气量最大的是（　　）。
A. 脂肪 B. 蛋白质 C. 碳水化合物 D. 糖类
答案：A

50. 下列关于生物脱硫的描述，不正确的是（　　）。
A. 生物脱硫是在一定条件下，利用微生物的代谢作用将硫化氢转化为硫酸盐的脱硫方式
B. 生物脱硫解决了传统脱硫方法的污染问题，又可以回收硫资源，实现了环保和低成本脱硫
C. 生物脱硫按照机理可分为3个阶段：硫化氢气体的溶解阶段，溶解后的硫化氢透过细胞膜进入脱硫细菌体内阶段，进入细菌内的硫化氢被转化和利用阶段
D. 生物脱硫主要靠脱硫细菌来完成，脱硫细菌大致可分为两类：有色硫细菌和无色硫细菌
答案：A

51. 比阻能非常准确地反映出污泥的（　　）。
A. 带式脱水性能 B. 真空脱水性能 C. 离心脱水性能 D. 自然脱水性能
答案：B

52. 转鼓转速直接决定了污泥在离心机内部受到的（　　）大小，决定了污泥的沉降速度和处理量。
A. 离心力 B. 剪切力 C. 压力 D. 张力
答案：A

53. 关于沼气脱硫，下列说法不正确的是（　　）。
A. 可通过向消化池进泥投加铁盐来进行脱硫 B. 沼气湿式脱硫中的碱液不能循环使用
C. 沼气干式脱硫可采用铁屑 D. 沼气干式脱硫剂可使用氧化锌
答案：B

54. 关于沼气干式脱硫，下列描述不正确的是（　　）。
A. 沼气干式脱硫的脱硫剂容易失效，因此在使用一段时间后，应进行脱硫剂的再生，可采用往脱硫塔内通氧气的方式来再生
B. 沼气干式脱硫的脱硫剂不容易失效，因此在使用一段时间后，无须进行脱硫剂的再生
C. 沼气干式脱硫塔须要定期排放冷凝水
D. 沼气干式脱硫塔一般有保温措施
答案：B

55. 下列关于热水解的描述不正确的是( )。
A. 热水解添加的稀释水,可提升浆化罐内污泥的流动性
B. 热水解添加的稀释水,可降低闪蒸后污泥的温度
C. 污泥经热水解后,可实现初沉污泥的细胞破壁
D. 污泥经热水解后,可实现污泥中溶解性有机物的增加
答案:C

56. 下列关于沼气湿式脱硫的描述不正确的是( )。
A. 一般用碱液喷淋来去除沼气中的硫化氢
B. 湿式脱硫中通常添加催化剂
C. 一般用气浮浓缩回收湿式脱硫中浮液中的单质硫
D. 一般用重力浓缩回收湿式脱硫中浮液中的单质硫
答案:D

57. 下列物质中,( )不可能出现在厌氧分解的产酸阶段。
A. 乙酸　　　　　B. 氨气　　　　　C. 乙醇　　　　　D. 二氧化碳
答案:B

58. 下列不属于消化池污泥气成分的是( )。
A. 氧气　　　　　B. 甲烷　　　　　C. 氮气　　　　　D. 二氧化碳
答案:A

59. 活性污泥处于减速增长阶段时,污水中的有机食料与微生物量的比值会( )。
A. 增大　　　　　B. 不发生变化　　　C. 持续下降　　　D. 降到最低
答案:C

60. 关于污泥焚烧的优点,下列描述不正确的是( )。
A. 可将有机污染物完全氧化处理　　　　B. 污泥含水率降至0
C. 占地面积小　　　　　　　　　　　　D. 彻底消除二次污染
答案:D

61. 气浮浓缩法主要用于浓缩( )。
A. 初沉污泥　　　　　　　　　　　　　B. 活性污泥
C. 剩余污泥　　　　　　　　　　　　　D. 混凝沉淀池产生的污泥
答案:C

62. 污泥调理的目的是( )。
A. 使污泥中的有机物质稳定化　　　　　B. 改善污泥的脱水性能
C. 减小污泥的体积　　　　　　　　　　D. 从污泥中回收有用物质
答案:B

63. 板框压滤机由( )相间排列而成。
A. 滤布、滤板　　B. 滤板、滤框　　C. 滤布、滤框　　D. 滤布、滤板、滤框
答案:B

64. 使胶体脱稳并聚集为微絮粒的过程称为( )。
A. 混凝　　　　　B. 絮凝　　　　　C. 凝聚　　　　　D. 沉淀
答案:C

65. 过滤的原理是( )。
A. 混凝、沉淀作用　　　　　　　　　　B. 隔滤、吸附作用
C. 接触絮凝、隔离、沉淀作用　　　　　D. 物理、化学、生物作用
答案:C

66. 在污水处理厂产生的污泥中,污泥的有机质含量最高的是( )。
A. 堆肥污泥　　　B. 二次沉淀池污泥　　C. 消化污泥　　D. 深度处理的化学污泥
答案:B

67. 化学沉淀法与混凝沉淀法的本质区别在于：化学沉淀法投加的药剂能与水中物质形成（　　）而沉降。
A. 胶体　　　　　　　　　　　　　　B. 重于水的大颗粒絮体
C. 疏水颗粒　　　　　　　　　　　　D. 难溶盐
答案：D

68. 泵能把液体提升的高度或增加的压力，称为（　　）。
A. 效率　　　　B. 扬程　　　　C. 流量　　　　D. 功率
答案：B

69. 通常传统活性污泥法易于改造成（　　）系统，以应对负荷的增加。
A. 生物吸附　　B. 阶段曝气　　C. 渐减曝气　　D. 完全混合
答案：A

70. 污泥在厌氧状态下（　　）。
A. 吸收磷酸盐　　B. 释放磷酸盐　　C. 分解磷酸盐　　D. 生成磷酸盐
答案：B

71. 微生物在污水处理系统中的（　　）对污水的水质净化效果有很大的影响。
A. 种群数量　　B. 沉降性能　　C. 滞流特性　　D. 生长周期
答案：C

72. 活性污泥法是一种污水的好氧生物处理法，氧的需要是（　　）的函数。
A. 微生物代谢　　B. 细菌繁殖　　C. 微生物数量　　D. 原生动物
答案：A

73. 普通活性污泥法的实际需氧量为（　　）。
A. BOD 的氧化需氧量　　　　　　　B. 活性污泥内源呼吸的硝化反应需氧量
C. 曝气池出水带出的氧量　　　　　D. 以上 3 项的和
答案：D

74. 常规活性污泥系统中，污泥负荷决定了微生物的（　　）。
A. 世代周期　　B. 对营养的利用　　C. 代谢途径　　D. 生长状态
答案：D

75. 普通活性污泥法中的曝气池前端污泥负荷（　　）末端污泥负荷。
A. 等于　　　　B. 大于　　　　C. 小于　　　　D. 不确定
答案：B

76. 污泥在管道中的流动情况与水不同，污泥流动的阻力随（　　）增大而增大。
A. 流速　　　　B. 泥温　　　　C. 相对密度　　D. 重量
答案：A

77. 下列各项中，（　　）需要的分离因数最大。
A. 初沉污泥　　B. 消化污泥　　C. 活性污泥　　D. 生污泥
答案：C

78. 流化床式污泥干化机运行时，应连续监测气体回路中的（　　）含量浓度，严禁在含量较高的情况下连续运行。
A. 硫化氢　　　B. 二氧化碳　　C. 氮气　　　　D. 氧气
答案：D

79. 带式脱水机的运行与进泥的含水率有关，进泥含水率低，处理的成本比较经济；相反，进泥含水率高，处理的成本则高。进泥含水率应控制在（　　）比较经济。
A. 90%~92%　　B. 93%~94%　　C. 95%~96%　　D. 97%~98%
答案：C

80. 带式压滤机使污泥脱去大量水分是在（　　）阶段。
A. 低压脱水　　B. 重力脱水　　C. 高压脱水　　D. 低压脱水和高压脱水
答案：B

81. 带式压滤机滤布的张紧依靠( )完成。
A. 纠偏杆　　　　　　B. 气缸　　　　　　C. 纠偏轮　　　　　　D. 气动换向阀
答案：B

82. 下列关于污泥的说法不正确的是( )。
A. 污泥的主要成分是有机物和无机物
B. 污泥按照成分不同，可分为污泥、沉渣、栅渣
C. 污泥按照来源不同，可分为初沉污泥、剩余活性污泥、腐殖污泥、消化污泥和化学污泥
D. 初沉污泥、剩余活性污泥、腐殖污泥都称为生污泥
答案：A

二、多选题

1. 城市污水排水系统的主要组成部分为( )。
A. 室内污水管道系统　　　　　　　　B. 室外污水管道系统
C. 污水泵站及压力管道　　　　　　　D. 污水处理厂
E. 出水口及事故排出口
答案：ABCDE

2. 室外污水管道系统可分为( )。
A. 居住小区污水管道系统　　　　　　B. 街道污水管道系统
C. 主干道污水管道系统　　　　　　　D. 支干道污水管道系统
答案：AB

3. 街道污水管道系统分为( )。
A. 主干道　　　　　　B. 干管　　　　　　C. 支管　　　　　　D. 细管
答案：ABC

4. 雨水排水系统的主要组成部分为( )。
A. 建筑物的雨水管道系统和设备　　　　B. 居住小区或工厂雨水管渠系统
C. 街道雨水管渠系统　　　　　　　　　D. 排洪沟
E. 出水口
答案：ABCDE

5. 细胞膜的化学组成成分主要是( )。
A. 脂类　　　　　　B. 多肽　　　　　　C. 糖类　　　　　　D. 蛋白质
答案：ACD

6. 离心泵的主要性能参数有( )。
A. 流量　　　　　　B. 扬程　　　　　　C. 转速　　　　　　D. 轴功率
E. 气蚀余量　　　　F. 效率　　　　　　G. 进出口压力　　　H. 进出口温度
答案：ABCDEF

7. 滚动轴承通常由( )组成。
A. 外圈　　　　　　B. 内圈　　　　　　C. 滚动体
D. 挡圈　　　　　　E. 保持架
答案：ABCE

8. 电磁流量计主要由( )组成。
A. 磁路系统　　　　B. 测量导管　　　　C. 电极
D. 外壳、衬里　　　E. 转换器
答案：ABCDE

9. 下列关于电磁流量计的特点说法正确的是( )。
A. 测量不受流体密度、黏度、温度、压力和电导率变化的影响
B. 测量管内无阻碍流动部件，无压损，直管段要求较低

C. 对浆液测量无适应性
D. 电磁流量计只能用于双向测量
答案：ABD

10. 在计算液体流量系数时，应按( )情况进行计算。
A. 非阻塞流　　　B. 阻塞流　　　C. 液体和气体　　　D. 低雷诺数
答案：ABD

11. 下列属于国家污泥处理处置的标准规范的有( )。
A.《城镇污水处理厂污泥泥质》（GB 24188—2009）
B.《城镇污水处理厂污泥处置 分类》（GB/T 23484—2009）
C.《城镇污水处理厂污泥处理能源消耗限值》（DB11/T 1428—2017）
D.《城镇污水处理厂污泥处置 土地改良用泥质》（GB/T 24600—2009）
答案：ABD

12. 下列关于污泥焚烧标准规范描述正确的是( )。
A. 标准《城镇污水处理厂污泥处置 单独焚烧用泥质》（GB/T 24602—2009）要求：自持焚烧污泥的低位热值应大于5000kJ/kg
B. 标准《城镇污水处理厂污泥处置 单独焚烧用泥质》（GB/T 24602—2009）要求：单独焚烧污泥的pH应为5～10
C. 标准《城镇污水处理厂污泥处置 单独焚烧用泥质》（GB/T 24602—2009）要求：与水泥窑协同焚烧的总镉大于20mg/kg DS
D. 标准《城镇污水处理厂污泥处置 单独焚烧用泥质》（GB/T 24602—2009）要求：自持焚烧污泥的含水率小于50%
答案：ABD

13. 下列关于污泥土地利用的描述错误的是( )。
A. 用于基质途径的污泥的氮、磷、钾（$P_2O_5 + K_2O$）总含量应不低于40g/kg
B. 用于农用的污泥的有机质的含量不低于200g/kg
C. 目前农用污泥可分为A级和B级，B级污泥重金属指标要严于A级污泥
D. 污泥土地利用对于卫生学指标粪大肠菌群值要求不低于0.1
答案：CD

14. 下列关于污泥建材利用技术描述正确的是( )。
A. 典型污泥建材利用途径有污泥制陶粒和污泥制水泥等
B. 污泥建材利用存在建材产品质量和稳定性问题
C. 污泥制陶粒一般控制污泥含水率不大于80%
D. 污泥建材利用有利于节约资源、能源、用地和保护环境
答案：ABCD

15. 下列属于污泥处理处置新技术的有( )。
A. 热解技术　　　B. 高压脉冲技术　　　C. 高干脱水技术　　　D. 太阳能干化技术
答案：ABCD

16. 常用的污泥处理方法有污泥( )、焚烧、碳化等。
A. 浓缩　　　B. 消化　　　C. 脱水　　　D. 干化
答案：ABCD

17. 污泥气浮浓缩常用的设备有( )。
A. 溶气罐　　　B. 水泵或空压机　　　C. 排泥泵　　　D. 搅拌器
答案：ABC

18. 关于污泥浓缩和脱水，下列说法正确的是( )。
A. 污泥浓缩的方法有重力浓缩、气浮浓缩和机械浓缩
B. 污泥机械浓缩脱水前的预处理的目的是降低污泥的比阻值

C. 污泥机械浓缩脱水前进行的化学调节法常用的混凝剂有无机混凝剂、有机高分子聚合电解质和微生物混凝剂三类

D. 离心脱水时,投加的絮凝剂量越大,出泥效果越好,分离液越清澈

答案:ABC

19. 下列关于离心脱水机原理描述不正确的是( )。

A. 污泥由中心进料管进入离心脱水机内部,在重力作用下,转鼓内形成一个液环层

B. 污泥颗粒沉降到转鼓内表面形成泥环层

C. 差速器差动作用使螺旋推料器与转鼓间形成相对运动,泥环层被螺旋推料器推到转鼓小端干燥区,进一步脱水后经出渣口排出

D. 分离后的液相经转鼓大端盖上的溢流孔排出,泥饼和滤液分别被收集,在重力作用下排出机外

答案:BCD

20. 关于污泥焚烧炉,下列说法正确的是( )。

A. 污泥焚烧炉主要包括流化床焚烧炉、回转窑式焚烧炉和立式多膛焚烧炉

B. 流化床焚烧炉利用炉底布风板吹出的热风,将污泥悬浮起呈沸腾(流化)状进行燃烧

C. 回转窑式焚烧炉焚烧能力低、污染物排放较难控制

D. 回转窑式焚烧炉炉温控制困难、对污泥发热量要求较高

答案:ABD

21. 自然干化脱水,是将污泥摊置到有不同级配砂石铺垫的干化场,通过( )等方式,使污泥实现脱水。

A. 蒸发　　　　B. 渗透　　　　C. 清液溢流　　　　D. 混凝沉淀

答案:ABD

22. 衡量污泥脱水效果的指标有( )。

A. 能耗　　　　B. 污泥含水量　　　　C. 固体回收率　　　　D. 投配率

答案:BC

23. 污泥宜与城镇污水处理厂污泥统一处置,并应达到的国家的相关标准有( )。

A.《城镇污水处理厂污泥泥质》(GB 24166—2009)

B.《城镇污水处理厂污泥泥质》(GB 24188—2009)

C.《城镇污水处理厂污染物排放标准》(GB 18918—2002)

D.《城镇污水处理厂污染物排放标准》(GB 19818—2002)

答案:BC

24. 热水解厌氧消化与常规厌氧消化相比,下列说法正确的是( )。

A. 热水解厌氧消化较常规厌氧消化的进泥含固量更高

B. 热水解厌氧消化较常规厌氧消化的有机物分解率更高

C. 热水解厌氧消化较常规厌氧消化沼气中甲烷含量更高

D. 热水解厌氧消化较常规厌氧消化污泥中的氨氮含量更高

答案:ABD

25. 污泥浓缩的方法有( )。

A. 重力浓缩　　　　B. 气浮浓缩　　　　C. 机械浓缩　　　　D. 以上方法都不对

答案:ABC

26. 产甲烷菌的作用是( )。

A. 使酸性消化阶段的代谢产物进一步分解成污泥气

B. 使pH上升

C. 能氧化分子状态的氢,并利用二氧化碳作为电子接受体

D. 保持pH相对稳定

答案:ABC

27. 止回阀的种类有( )。

A. 拍板式　　　　B. 升降式　　　　C. 对夹式　　　　D. 旋启式

答案：BCD

28. 螺杆泵运行的特点有（　　）。

A. 压力稳定　　　　　B. 介质推行均匀　　　　　C. 内部流速低　　　　　D. 容积保持不变

答案：ABCD

三、简答题

1. 简述排水体制的类型、优缺点及选择原则。

答：(1)排水体制分为合流制和分流制两种。

(2)采用一种方式对待所有废水的体制称为合流制，它的优点是造价成本低，缺点是合流的污水会污染直接排入的水体。采用不同方式对待不同性质的废水的体制称为分流制，它的优点是可以使不同性质的来水得到不同要求的处理。

(3)选择排水体制的原则是根据城镇既有工业企业的规模、环境保护的要求、污水利用的情况、原有排水设施的水质水量、地形、气候和水体等条件，综合考虑确定。

2. 简述排水系统的组成部分和各部分的用途。

答：(1)室内污水管道系统及设备：其作用是收集生活污水，并将其排放至室外居住小区污水管道。

(2)室外污水管道系统：主要分布在地面下的依靠重力流输送污水至泵站、污水处理厂或规定受纳水体的管道系统，常分为居住小区管道系统和街道管道系统。

(3)污水泵站及压力管道：虽然污水一般以重力流排除，但往往由于受到地形等自然条件的限制，须设置泵站提升至需求高度。泵站常分为局部泵站、中途泵站和总泵站等。由于设置泵站，相应地就出现了压力管道。

(4)污水处理厂：用来处理和利用污水、污泥，并使污水达到规定排放标准的一系列构筑物及附属构筑物的综合体，在城市中常被称为污水处理厂，在工厂中常被称为废水处理站。城市污水处理厂一般设置在城市河流的下游地段，并与居民点或公共建筑保持一定的卫生防护距离，可以防止污水处理厂产生的噪声、恶臭等有毒气体影响居民的正常生活、危害人们的身心健康。

(5)出水口及事故排出口：出水口是指处理后的污水或达到国家排放标准无须处理的废水排入水体的渠道和出口，它是整个城市污水排水系统的终点设备。事故排出口是指在污水排水系统中，在某些易于发生故障的设施前，如在总泵站的前面，所设置的辅助性出水渠。一旦发生故障，污水可通过事故排出口直接排入水体。

3. 污水污泥处理厂每月会制订生产计划，简述生产计划应如何执行。

答：生产计划应严格按照月度计划进行生产过程管理，可根据生产需要将月度计划进一步分解至周计划、日计划，实现生产运行过程的精细化管理。每月应对生产计划执行情况进行过程监管，对未按计划完成的单位进行分析，提出解决措施。

4. 简述污泥的处理方法。

答：污泥处理的方法，一般是指通过生化、物化的方法，去除污泥中的水分，提取污泥中的有机物，减少污泥的容积的方法。物化的方法，通常分为筛分、浓缩、干化等。生化的方法，通常包括厌氧消化、堆肥等。污泥处理的工艺就是这些处理方法的组合。

5. 简述污泥处理处置常用的工艺流程。

答：(1)污泥浓缩、消化、脱水组合工艺。

(2)污泥浓缩、消化、脱水、干化组合工艺。

(3)污泥浓缩、消化、脱水、干化、焚烧组合工艺。

6. 简述污泥的组成特点。

答：污泥的特点：(1)含水率高，通常污泥的含水率可高达97%以上；(2)有机物含量较高，氮、磷含量高；(3)含有大量盐分；(4)可能含有病原菌、寄生虫、致病微生物等；(5)含有砷、铜、铬、汞等重金属。

7. 简述离心机的工作原理和运行控制的关键点。

答：(1)工作原理：污泥由中心进料管进入离心脱水机内部，在离心力的作用下，转鼓内形成一个液环层，污泥颗粒沉降到转鼓内表面形成泥环层。差速器差动作用使螺旋推料器与转鼓间形成相对运动，泥环层被螺旋推料器推到转鼓小端干燥区进一步脱水后经出渣口排出，分离后的液相经转鼓大端盖上的溢流孔排出。泥饼和滤液分别被收集，在重力作用下排出机外。

（2）运行控制关键点：转鼓转速、差速、液层深度、进泥量及进泥含固量、絮凝剂的合理选择及投配率。

8. 简述在污泥厌氧消化的酸性消化阶段，有机物、蛋白质和脂肪的分解产物。

答：有机物首先在外酶的作用下水解与液化，代谢产物是多糖类水解成单糖类，蛋白质水解成氨基酸，脂肪水解成甘油、脂肪酸。然后，渗入细胞在内酶的作用下转化为醋酸等挥发性酸类和硫化物，为甲烷细菌气化做好准备。

四、计算题

1. 某厂的剩余活性污泥含水率为99.7%，将其浓缩到97%，求其体积缩小到原体积的多少。该厂采用带式压滤机脱水，采用阳离子PAM进行污泥调质。干污泥投药量为0.3%，待脱水污泥的含固量为4.0%。求每天需脱水污泥量为800m³时，所需投加的总药量。

解：$Q = 800 \text{m}^3/\text{d}$，$C_0 = 4.0\% = 40 \text{kg/m}^3$，$f = 0.3\%$

代入公式：$M = Q \times C_0 \times f = 800 \times 40 \times 0.3\% = 96 \text{kg/d}$

每天所需投加的阳离子PAM量为96kg。

2. 某处理厂混合污泥进行离心脱水，要求分离因数控制在1200，已知离心机转鼓直径为0.4m。计算转鼓需要调节的转速。

解：由分离因素的公式 $\alpha = n^2 \times D/1800$，得：$n = \sqrt{1800\alpha/D}$

转鼓转速 $n = \sqrt{180 \times 1200/0.4} \approx 2324 \text{r/min}$

3. 某中温消化系统由5座卵型消化池组成。单池容积为12000m³。某日，因故障，消化系统进泥量减少至400m³，计算该日消化池的停留时间，并根据正常的消化周期判断消化池的进泥量。

解：该日消化池的停留时间 $t = 12000/400 = 30 \text{d}$

按照一般中温消化池消化周期20d计算，则正常的进泥量 $= 12000/20 = 600 \text{m}^3$

第三节　操作知识

一、单选题

1. 板框脱水机拉板小车的润滑周期为（　　）。
A. 1周　　　　　　B. 1个月　　　　　　C. 1个季度　　　　　　D. 1年
答案：A

2. 滚筒格栅驱动电机减速箱补充润滑油的周期为（　　）。
A. 1周　　　　　　B. 1个月　　　　　　C. 1个季度　　　　　　D. 1年
答案：C

3. 设施类统计报表包括设施整体台账、（　　）等。
A. 能源消耗报表　　　B. 现况使用情况　　　C. 固定资产年度台账　　　D. 维修维护台账
答案：D

4. 下列属于污泥处理成本中检测费的是（　　）。
A. 消化池避雷针检测费用　　　　　　B. 溶解氧仪检测费
C. 甲醇药剂检测费　　　　　　　　　D. 乙酸钠药剂检测费
答案：A

5. 在生产成本的核算过程中，须注意泥质的变化、（　　）及运行工况的调整所导致的成本变化。
A. 环境变化　　　　B. 处理标准的变化　　　C. 设备突发故障　　　D. 设施突发故障
答案：B

6. 污泥处理的月度生产计划由（　　）部门负责编制。
A. 生产运营　　　　B. 办公室　　　　C. 设备管理　　　　D. 运行车间
答案：A

7. 下列属于综合类统计报表的是( )。
   A. 能源消耗报表　　　B. 设施整体台账　　　C. 维修维护台账　　　D. 设备故障情况
   答案：A

8. 下列属于污泥处理生产指标完成情况的说明的是( )。
   A. 某污水处理厂1月份污泥处理产泥量是950t泥饼，平均含水率为79.8%
   B. 某污水处理厂1月份脱水机运行台数为5台，设备完好率为97%
   C. 某污水处理厂1月份脱水絮凝剂消耗量为7t
   D. 某污水处理厂1月份生产电量为1200kW·h
   答案：A

9. 设备类报表包括设备总台数、现况使用情况、( )等。
   A. 设施整体台账　　　　　　　　　　　B. 基础设备设施年度台账
   C. 设备故障和维修情况　　　　　　　　D. 能源消耗报表
   答案：C

10. 在运行值班表中，应记录设备电气仪表故障和( )情况。
    A. 设备运行　　　B. 生产数据　　　C. 设施异常　　　D. 运行调整
    答案：C

11. 下列可能导致重力带式浓缩液压系统出现故障的原因是( )。
    A. 冲洗水系统出现故障　　　　　　　　B. 液压泵损坏或破损
    C. 污泥进泥含水率有波动　　　　　　　D. 污泥进泥有机份有波动
    答案：B

12. 下列关于消化池的运行检查描述正确的是( )。
    A. 消化池运行监控的重点是消化池的温度、压力和液位
    B. 消化池无须排浮渣
    C. 消化池内的泡沫是由于进泥中的初沉污泥所导致的
    D. 消化池内的泡沫可以通过加碱液去除
    答案：A

13. 浓缩机投药量(kg/tDS)应控制在( )。
    A. 1~2kg/tDS　　　B. 2~4kg/tDS　　　C. 7~8kg/tDS　　　D. 10~15kg/tDS
    答案：B

14. 消化池运行中压力突然升高，下列分析不正确的为( )。
    A. 消化池出气管线的阻火器可能出现堵塞情况
    B. 消化池出气管线的阀门可能出现误关闭情况
    C. 消化池出气管线的砾石过滤器可能存在严重污堵的情况
    D. 消化池出气管线的安全阀可能出现破损情况
    答案：D

15. 最近一段时间以来，消化池出现产气量明显降低的情况，但是检查发现消化池进泥量和搅拌没有任何调整和变化。作为一名运行人员，下列原因分析不正确的是( )。
    A. 消化池进泥种类和进泥中的有机份可能发生变化
    B. 消化池进泥种类和进泥中的含水率可能发生变化
    C. 消化池的沼气流量计可能出现故障
    D. 消化池的沼气压力计可能出现故障
    答案：D

16. 在浓缩池的浓缩机准备启动时，下列做法错误的是( )。
    A. 清除浓缩池内杂物　　　　　　　　　B. 打开高位切水闸
    C. 检查切水流程是否畅通　　　　　　　D. 关闭进出泥阀
    答案：B

17. 在生产中，选择合适的混凝剂品种和最佳投加量须依靠( )。
A. 对水质的分析　　　B. 水的酸碱度　　　C. 混凝试验　　　D. 处理要求
答案：C

18. 带式压滤机停车操作过程中，下列做法不正确的是( )。
A. 先停加药，后停进料
B. 停进料后，随即关闭空气总阀或停运空压机
C. 停进料后，继续运转并用水将滤带、辊轮冲洗干净
D. 滤带冲洗干净后，关闭空气总阀或停运空压机，放松张紧的滤带
答案：B

19. 离心泵的实际安装高度( )允许安装高度，就可防止气蚀现象发生。
A. 大于　　　　　　B. 小于　　　　　　C. 等于　　　　　　D. 近似于
答案：B

20. 离心泵装置的工况就是装置的工作状况。工况点就是水泵装置在( )状况下的流量、扬程、轴功率、效率以及允许吸上真空度等。
A. 出厂销售　　　　B. 实际运行　　　　C. 启动　　　　　　D. 水泵设计
答案：B

21. 下列关于污泥处理区域常见产物的描述正确的是( )。
A. 污泥经流化床干化后的干颗粒容易自燃，须谨慎堆放
B. 干式脱硫塔脱硫剂再生时，极易因为反应剧烈出现温度降低的情况
C. 污泥经条垛式静态堆肥后，物料的含水率一般低于30%
D. 污泥焚烧后的产物无须处置
答案：A

22. 下列处理工序中，应关注温度的有( )。
A. 污泥厌氧消化、污泥板框脱水、污泥流化床干化
B. 污泥热水解、污泥厌氧消化、污泥流化床干化
C. 污泥热水解、污泥板框脱水、污泥焚烧
D. 污泥浓缩、污泥厌氧消化、污泥板框脱水
答案：B

23. 下列污泥类别中需要分离因数最高的是( )。
A. 污泥指数高的活性污泥　　　　　　B. 消化污泥
C. 初沉污泥　　　　　　　　　　　　D. 含大颗粒的无机污泥
答案：A

24. 下列不属于活性污泥发黑的原因是( )。
A. 硫化物的积累　　B. 氧化锰的积累　　C. 工业废水的流入　　D. 氢氧化铁的积累
答案：D

25. 消化池进泥与排泥的形式有多种，不包括( )。
A. 上部进泥、下部直排　　　　　　　B. 上部进泥、下部溢流排泥
C. 下部进泥、上部溢流排泥　　　　　D. 下部进泥、下部排泥
答案：D

26. 下列描述错误的是( )。
A. 某污水处理厂运行工人甲在做污泥含水率检测时，得到的数值为99.5%，该工人判断此污泥应为剩余污泥
B. 某污水处理厂运行工人甲巡视曝气池发现污泥外观为黄褐色，该工人判断该污泥活性良好
C. 某运行工人检测初沉污泥有机份的数值为30%
D. 某运行工人检测剩余污泥pH为6.9
答案：C

27. 连续式重力浓缩池停车操作步骤有：①停刮泥机；②关闭刮泥阀；③关闭进泥阀。下列步骤顺序正确的是( )。
A. ②③① B. ②①③ C. ③①② D. ①③②
答案：C

28. 离心脱水机扭矩正常但出泥过干或过稀时，可根据上清液的情况进行调整。当出泥干且上清液白时，可以( )。
A. 增大进药量或调小转速差　　　　B. 增大进药量或调大转速差
C. 加大进泥量或减小进药量　　　　D. 减小进泥量或调小转速差
答案：C

29. 下列关于污泥堆肥预处理描述不正确的是( )。
A. 应控制污泥、发酵产物和调理剂的混合比例
B. 冬季应适当提高调理剂投加比例
C. 混料后，物料含水率应控制在20%~30%
D. 碳氮比值以20~40为宜，堆密度应不高于780kg/m³，pH应不高于8.5
答案：C

30. 下列关于污泥堆肥主发酵阶段描述不正确的是( )。
A. 在主发酵阶段，一般应通过控制堆体高度和宽度、曝气溶解氧、堆体温度和含水率等，确保堆肥反应稳定进行
B. 冬季运行时，应尽可能增加堆体容积，增加车间空气对流，确保供氧量
C. 布料前，应保证曝气孔畅通，并在管道上方铺垫陶粒和15~30cm调理剂或返混，以防止混合物料堵塞曝气孔
D. 起堆温度较低时，可在快速发酵阶段采用添加生物菌剂等方法，以提高好氧发酵效率
答案：B

31. 化验测得消化进泥的pH为6.5，该污泥的酸碱度显示的是( )，该污泥会( )甲烷菌的生长，对消化运行( )。
A. 碱性，促进，有利　　B. 酸性，抑制，不利　　C. 碱性，抑制，不利　　D. 酸性，促进，有利
答案：B

32. 某日，热水解闪蒸罐出泥泵突然报警停车，下列分析不正确的是( )。
A. 闪蒸罐出泥管路有杂物堵塞　　　B. 闪蒸罐出泥管路上的止回阀发生故障
C. 消化池进泥管线上的阀门因故关闭　　D. 消化池排泥管线上的阀门因故关闭
答案：C

33. 关于热水解系统的换热器在夏季常常出现换热温差较小的情况，下列说法不正确的是( )。
A. 可能因为夏季换热用的二沉水水温较高，影响换热效果
B. 可能因为夏季换热器内污垢较多，须清理换热器
C. 可能因为消化池进泥过多，导致换热效率下降
D. 可能因为消化池排泥过多，导致换热效率下降
答案：D

34. 下列关于污泥好氧堆肥描述不正确的是( )。
A. 污泥堆肥时，添加的调理剂一般比例应超过50%
B. 污泥堆肥时，无须添加堆肥后成品作为返混料
C. 污泥堆肥过程中，须监控堆体温度变化
D. 污泥堆肥过程中，须监控堆体溶解氧的变化
答案：A

二、多选题

1. 压力值作为较重要的工艺控制与调控指标，其数据的( )成为在压力测量过程中较为重要的技术需求。

A. 可视化　　　　　B. 电子化　　　　　C. 可采集性　　　　D. 规律化

答案：BC

2. 压力变送器是一种将压力转换成（　　）或（　　）进行控制和远传的设备。

A. 气动信号　　　　B. 电动信号　　　　C. 转动信号　　　　D. 启停信号

答案：AB

3. 压力变送器在安装过程中，除非有特殊防护等级，一般不能与（　　）或（　　）的介质接触。

A. 腐蚀性　　　　　B. 还原性　　　　　C. 过热性　　　　　D. 低温性

答案：AC

4. 安装接线时，应将供电及信号电缆穿过（　　）或（　　）并拧紧密封螺帽，以防雨水等通过电缆渗漏进变送器壳体内。

A. 防火接头　　　　B. 防水接头　　　　C. 韧性管　　　　　D. 挠性管

答案：BD

5. 污泥格栅运行调控应控制（　　）等参数。

A. 进泥流量　　　　B. 冲洗水压力　　　C. 格栅转速　　　　D. 进泥浓度

答案：ABC

6. 下列属于污泥处理运行记录的是（　　）。

A. 离心脱水机运行记录　B. 砂滤池运行记录　C. 消化池运行记录　D. 生物池运行记录

答案：AC

7. 设施类统计报表包括（　　）等。

A. 设施整体台账　　B. 现况使用情况　　C. 固定资产年度台账　D. 维修维护台账

答案：AD

8. 在生产成本的核算过程中，须注意泥质的变化、（　　）所导致的成本变化。

A. 动力类　　　　　B. 处理标准的变化　C. 设备突发故障　　D. 运行工况的调整

答案：BD

9. 下列关于闸（阀）门的定期维护符合规定的为（　　）。

A. 齿轮箱润滑油脂每年加注或更换1次

B. 行程开关、过扭矩开关及联锁装置完好有效，每年检查和调整1次

C. 电控箱内电气元件完好、无腐蚀，每半年检查1次

D. 连接杆、螺母、导轨、门板的密闭性完好，闭合位移余量适当，每3年检查1次

答案：ACD

10. 阀门在使用中常见的问题有（　　）。

A. 泄漏　　　　　　B. 变形　　　　　　C. 振动　　　　　　D. 擦伤

E. 噪声　　　　　　F. 腐蚀

答案：ACDEF

11. 重力浓缩池中污泥发生腐败时，下列做法可采用的是（　　）。

A. 检测浓缩池中的溶解氧　　　　　　　B. 降低浓缩池的进泥量

C. 往浓缩池中添加氧化剂　　　　　　　D. 降低浓缩机的转速

答案：AC

12. 关于堆肥过程中臭气释放的原因，下列分析正确的是（　　）。

A. 可能是空气在堆肥体中分布不均匀

B. 污泥和调理剂搅拌不均匀

C. 鼓风机的曝气管线中的冷凝水较多，须及时排放

D. 鼓风机的曝气管线存在杂质堵塞的问题

答案：ABCD

13. 现场设备如果包含PID控制功能模块，则控制功能可以装到（　　）。

A. 中央控制器　　　B. 现场控制设备　　C. 链路控制设备　　D. 上位控制系统

答案：ABD

14. 校准回波式液位计应使用的主要工具是(　　)。
　A. 标准高度尺　　　B. 精密电流表　　　C. 精密万用表　　　D. 卷尺
　答案：ABC

15. 测量蒸汽的压力变送器在使用过程中的注意事项是(　　)。
　A. 测量蒸汽需要伴热，尤其是在冬季必须进行
　B. 测量蒸汽不需要伴热
　C. 对于压力变送器来说，要加隔离罐(冷凝罐)，防止蒸汽的高温对膜盒及硅油产生影响
　D. 对于压力变送器来说，要加隔离罐(冷凝罐)，只是为了排水
　答案：AC

16. 某日，运行班长甲发现消化池温度较前一日明显下降，可能存在的原因有(　　)。
　A. 消化池温度计出现故障，应安排检查校准消化池温度计
　B. 消化池换热器出现堵塞
　C. 消化池进泥量少
　D. 消化池进泥量多
　答案：ABD

17. 下列关于污泥堆肥工艺描述正确的是(　　)。
　A. 可采用在线溶解氧仪测试氧气含量　　　B. 可采用在线温度计测试条垛温度
　C. 可采用污泥有毒气体分析仪监控有毒气体情况　D. 可采用污泥压力计检测堆肥物料熟化程度
　答案：ABC

18. 气浮系统的运行调控参数有(　　)。
　A. 进泥量　　　B. 加药量　　　C. 溶气比　　　D. 悬浮液的浓度
　答案：ABCD

19. 生产运行记录应如实反映全厂设备、设施、工艺及生产运行情况，应包括(　　)。
　A. 化验结果报告和原始记录　　　B. 化验结果报告
　C. 各类仪表运行记录　　　D. 库存材料、备件等使用记录
　答案：AC

20. 关于消化池沼气收集系统，下列描述正确的是(　　)。
　A. 沼气一般从消化池顶部的集气罩的最高处用管道引出
　B. 集气罩采用固定或浮动的方式
　C. 一般与集气罩连接的沼气管上设有阻火器
　D. 集气罩上还有安全阀，同时具备正压和负压应急启动的功能，防止因消化池气相空间压力急剧变化而损坏消化池顶部设施，从而造成安全事故
　答案：ABCD

三、简答题

1. 简述离心脱水机主要的维护和保养的部位和内容。
　答：(1)预脱水阀门：每个月对螺丝进行1次紧固，对阀门螺杆进行1次抹油。
　(2)电机：每个月对电机轴承进行1次注油和清扫。
　(3)齿轮箱变速器：每3个月对其进行1次清扫，检查其有无异响，查看油封和油液位。
　(4)预脱水机进泥泵：每个月检查其运行是否平稳，检查地脚螺栓有无松动，查看油液情况。
　(5)预脱水螺旋：每个月检查螺旋、衬板有无损坏、磨损，对电机进行注油保养。
　(6)预脱水机：每个月检查电机和皮带，对电机进行注油，清理机体滚轴污泥。
　(7)气动阀：每个月检查气管、气动阀门开关和脱水机出泥闸阀。

2. 简述运行总结的主要内容。
　答：运行总结的内容主要包括生产指标的完成情况、主要设备设施的运行情况、主要材料的消耗情况、主

要动力能源的消耗情况、在生产中出现的重大问题，以及问题分析及解决措施或下一步工作计划。

运行总结还应将生产运行指标与上月、历史同期的运行指标进行对比，因此运行总结内容也应包括存在的不足和改进方向。须注意的是，在生产运行总结中，应重点分析泥质的变化、运行工艺的调整等内容。

四、实操题

1. 简述离心机泥饼含水率高的调控操作方法。

答：(1)提高离心机的转矩或降低差速。检测出泥泥饼含水率是否达标，如不达标应继续调整转矩或差速。

(2)含水率达标后，观察离心力滤液SS或透明度变化，若滤液透明即完成操作。

(3)若滤液变黑或SS增加，可适当增加药量。若滤液还未清澈而变为灰白色，则须降低进泥量至滤液透明为止。若滤液变为乳白色，则须降低药量至滤液清澈为止。

2. 下表是某污水处理厂污泥处理的月度生产计划表，此外，该厂污泥处理的月度计划中包括本月设施维修计划共5项和月度动力费用等。简述此厂月度计划制订中存在的问题。

运行天数/d	泥质	脱泥量/(t/d)		消化池沼气气量/(m³/d)	发电量/(kW·h)	投配率/‰
		干泥	泥饼量			
30	泥饼含水率≤80%	≥145	≥950	70000	30000	33.5

答：(1)以泥饼量计算干泥产量得：$950 \times (100-80)/100 = 190$ t/d > 145 t/d

以干泥的泥量计算含水率得：$(1-145/950) \times 100\% = 84.7\%$

故可知泥量、泥质计划有误。

计算絮凝剂投配率得：$33.5/(145 \times 30) \times 100\% = 7.7‰$，与计划的6‰不符。

(2)此厂月度计划内容缺少生产材料(含药剂)需求量及采购计划，以及其他月度重点工作等。

3. 离心机运行中，发现出泥明显变稀，滤液含固量明显增加，试分析原因和解决办法。

答：(1)原因分析：进泥浓度波动大、药剂制备浓度低、离心机控制出现问题。

(2)采取措施：尽快减少进泥量、降低差速、提高出泥含固量，适当提高转鼓转速和加药量，检查药剂制备系统和离心机自控系统。若参数调整无法改善滤液效果，可安排调整出水堰板高度。

4. 在污泥厌氧消化池的运行过程中可能出现pH降低或升高的问题，试分析原因和解决办法。

答：(1)原因分析：应对消化系统进行全面检查，确定pH异常的原因。

①进泥负荷过高：消化池进泥量增加、进泥浓度升高、有机份升高都会导致消化池进泥有机负荷的增加，导致系统出现酸积累。

②换热系统和循环系统故障：换热系统故障会造成消化池内温度出现较大波动，搅拌系统出现故障会造成消化池内污泥混合不均，两种情况都会使产甲烷菌活性受到抑制，从而导致挥发性脂肪酸在消化池内大量积累。

③仪表故障：在线仪表出现问题或循环污泥系统故障，都会造成在线仪表pH数据异常。

(2)解决方法

①降低系统进泥量，或暂停进泥，等待系统内产甲烷菌将挥发性脂肪酸分解、系统恢复正常再正常进泥。如果pH降低较多并逐渐恶化，应及时加碱调节pH。

②检查换热系统和搅拌系统是否正常，保持消化池内温度稳定。

③定期清洗、校准在线仪表，更换寿命到期的探头。

5. 某日，运转人员发现消化池液面明显降低(正常工作液面是20m，计算机监控画面显示是19m)，查看消化池气相空间压力正常。简述作为一名运转人员应该采取的措施。

答：(1)记录计算机监控情况并及时报告班长。

(2)现场查看消化池液位计是否有故障。重点查看PLC信号传输(检查PLC柜是否出现触点接线不实的情况；查看现场PLC显示的数据是否有明显异常)。若无故障，现场检查消化池进泥泵，是否有振动或发热等异常；现场检查污泥管路是否有阀门开启或关闭情况异常；现场检查污泥管线是否有异常。

（3）若泵没问题，及时开启消化池进泥泵，将消化池内的液位稳定在正常液位上。开启进泥泵时，要关注消化池溢流排泥情况，确保消化池溢流通畅，避免消化池进泥过多。

第五章

高级技师

第一节　安全知识

一、单选题

1. 依据《职业病防治法》，建设项目在(　　)前，建设单位应当进行职业病危害控制效果评价。
   A. 可行性论证　　　B. 设计规划　　　C. 建设施工　　　D. 竣工验收
   答案：D

2. 下列关于硫化氢描述错误的是(　　)。
   A. 硫化氢不仅是一种窒息性毒物，对黏膜还有明显的刺激作用，这两种毒作用与硫化氢的浓度无关
   B. 硫化氢溶于乙醇、汽油、煤油、原油中，溶于水后生成氢硫酸
   C. 硫化氢能使银、铜及其他金属制品表面腐蚀发黑
   D. 硫化氢能与许多金属离子作用，生成不溶于水或酸的硫化物沉淀
   答案：A

3. 当甲烷的体积浓度达到(　　)时，人出现窒息样感觉，若不及时逃离接触，可致窒息死亡。
   A. 20%～23%　　　B. 20%～22%　　　C. 23%～25%　　　D. 25%～30%
   答案：D

4. 下列语句描述错误的是(　　)。
   A. 有限空间发生爆炸、火灾，往往瞬间或很快耗尽有限空间的氧气，并产生大量有毒有害气体，造成严重后果
   B. 甲烷相对空气密度约0.55，无须与空气混合就能形成爆炸性气体
   C. 一氧化碳与血红蛋白的亲合力比氧与血红蛋白的亲合力高200～300倍
   D. 一氧化碳极易与血红蛋白结合，形成碳氧血红蛋白，使血红蛋白丧失携氧的能力和作用，造成组织窒息
   答案：B

5. 污水处理行业有限空间常见的操作包括(　　)。
   A. 打开污水管线检查井盖进行液位查看或手工取样
   B. 打开雨水管线检查井盖进行液位查看
   C. 打开热力或电气管线检查井盖进行设备查看
   D. 以上全部
   答案：D

6. 下列有限空间作业的术语概念描述错误的是(　　)。
   A. 立即威胁生命或健康的浓度(IDLH)，在此条件下对生命立即或延迟产生威胁，或能导致永久性健康损害，或影响准入者在无助情况下从密闭空间逃生
   B. 有害环境，在职业活动中可能引起死亡、失去知觉、丧失逃生及自救能力、伤害或引起急性中毒的环境

C. 准入者，批准进入密闭空间作业的劳动者，包括作业人员、监护人员、检测人员、作业负责人
D. 监护者，在密闭空间外进行监护或监督的劳动者
答案：C

7. 爆炸物质是一种固态或液态物质（或物质的混合物），其本身能够通过化学反应产生气体，而产生气体的（　　）、压力和速度能对周围环境造成破坏。
   A. 物质　　　　　　B. 气流　　　　　　C. 产物　　　　　　D. 温度
   答案：D

8. 发火物质是一种物质或物质的混合物，它旨在通过非爆炸自持放热（　　）产生的热、光、声、气体、烟或所有这些的组合来产生效应。
   A. 物理反应　　　　B. 化学反应　　　　C. 生物反应　　　　D. 中和反应
   答案：B

9. （　　）是指闪点不高于93℃的液体。
   A. 发火物质　　　　B. 自燃液体　　　　C. 自燃固体　　　　D. 易燃液体
   答案：D

10. （　　）是指高压气体在压力等于或大于200kPa（表压）下装入贮器的气体，或是液化气体或冷冻液化气体。
    A. 不燃气体　　　　B. 压力下气体　　　C. 助燃气体　　　　D. 易燃气体
    答案：B

11. （　　）或混合物是即使没有氧（空气）也容易发生激烈放热分解的热不稳定液态或固态物质或者混合物。
    A. 发火物质　　　　B. 自反应物质　　　C. 自燃固体　　　　D. 易燃固体
    答案：B

12. （　　）是即使数量小也能在与空气接触后5min之内引燃的固体。
    A. 发火物质　　　　B. 易燃固体　　　　C. 自燃固体　　　　D. 可燃固体
    答案：C

13. 化学品安全技术说明书是一份关于危险化学品（　　）、毒性和环境危害以及安全使用、泄漏应急处置、主要理化参数、法律法规等方面信息的综合性文件。
    A. 性质　　　　　　B. 辐射　　　　　　C. 灼伤　　　　　　D. 燃爆
    答案：D

14. 化学品安全技术说明书是一份关于危险化学品燃爆、（　　）和环境危害以及安全使用、泄漏应急处置、主要理化参数、法律法规等方面信息的综合性文件。
    A. 性质　　　　　　B. 辐射　　　　　　C. 灼伤　　　　　　D. 毒性
    答案：D

15. 化学品安全技术说明书是一份关于危险化学品燃爆、毒性和环境危害以及（　　）、泄漏应急处置、主要理化参数、法律法规等方面信息的综合性文件。
    A. 安全使用　　　　B. 辐射　　　　　　C. 灼伤　　　　　　D. 性质
    答案：A

16. 化学品安全技术说明书是一份关于危险化学品燃爆、毒性和环境危害以及安全使用、（　　）、主要理化参数、法律法规等方面信息的综合性文件。
    A. 辐射　　　　　　B. 泄漏应急处置　　C. 灼伤　　　　　　D. 性质
    答案：B

17. 化学品安全技术说明书国际上称作化学品安全信息卡，简称（　　）或CSDS。
    A. MDDS　　　　　　B. MSSD　　　　　　C. MDSS　　　　　　D. MSDS
    答案：D

18. 关于危险化学品安全技术说明书的主要作用以下不正确的是（　　）。
    A. 是化学品安全生产、安全流通、安全使用的指导性文件
    B. 是应急作业人员进行应急作业时的技术指南
    C. 提供该危险化学品制备信息

D. 是企业进行安全教育的重要内容

答案：C

19. 危险化学品安全技术说明书是化学品安全生产、安全流通、安全使用的(　　)文件。
A. 法律性　　　　　　B. 操作性　　　　　　C. 技术性　　　　　　D. 指导性

答案：D

20. (　　)是用文字、图形符号和编码的组合形式，表示化学品所具有的危险性和安全注意事项。
A. 应急文件　　　　　　　　　　　　B. 化学品安全技术说明书
C. 安全标签　　　　　　　　　　　　D. 安全标识

答案：C

21. 《化学品安全标签编写规定》中规定，安全标签是用文字、图形符号和编码的组合形式，表示化学品所具有的危险性和(　　)。
A. 安全注意事项　　B. 操作规程　　　　C. 应急处置　　　　D. 制备原理

答案：A

22. 甲醇操作间所有设备均为(　　)。
A. 防爆设备　　　　B. 防水设备　　　　C. 特种设备　　　　D. 压力容器

答案：A

23. (　　)是指监控、防止可燃物质外溢泄漏，采取惰性气体保护，加强通风置换。
A. 防止可燃可爆混合物的形成　　　　B. 控制工艺参数
C. 消除点火源　　　　　　　　　　　D. 限制火灾爆炸蔓延扩散

答案：A

24. (　　)是指将温度、压力、流量、物料配比等工艺参数严格控制在安全限度范围内，防止超压、超温、物质泄漏。
A. 防止可燃可爆混合物的形成　　　　B. 控制工艺参数
C. 消除点火源　　　　　　　　　　　D. 限制火灾爆炸蔓延扩散

答案：B

25. (　　)是指远离明火、高温表面、化学反应热、电气设备，避免撞击摩擦、静电火花、光线照射，防止自燃发热。
A. 防止可燃可爆混合物的形成　　　　B. 控制工艺参数
C. 消除点火源　　　　　　　　　　　D. 限制火灾爆炸蔓延扩散

答案：C

26. 以下有可压缩性与膨胀性，可与空气形成爆炸性混合物的是(　　)。
A. 压缩空气　　　　B. 甲烷　　　　　　C. 硫磺　　　　　　D. 钠

答案：B

27. 以下不可燃烧，可能有助燃性的物质是(　　)。
A. 压缩空气　　　　B. 甲烷　　　　　　C. 硫磺　　　　　　D. 钠

答案：A

28. (　　)是指落实《中华人民共和国安全生产法》相关规定，建立安全生产事故隐患排查治理长效机制，强化安全生产主体责任，加强事故隐患监督管理，防止和减少事故，保障职工生命财产安全。
A. 有限空间作业安全管理规定　　　　B. 安全生产考核和奖惩制度
C. 危险作业审批制度　　　　　　　　D. 生产安全事故隐患排查治理制度

答案：D

29. 安全生产法中对安全从业人员的义务描述不正确的是(　　)。
A. 正确佩带和使用劳动防护用品
B. 接受培训，本职工作所需的安全生产知识，提高安全生产技能，增强事故预防和应急处理能力
C. 发现事故隐患或者其他不安全因素时，必须立即自己处理
D. 从业人员在作业过程中，应当遵守本单位的安全生产规章制度和操作规程，服从管理

答案：C

30. 污水处理厂进行坑、竖井、人孔、下水道泵站、格栅间、污泥储存或处理设施、污泥消化池或沼气储气罐、管道等有限空间作业，必须申报有限空间作业审批表，并做到（　　）。
A. 先检测、再通风、后作业
B. 先通风、再作业、后检测
C. 先作业、再检测、后通风
D. 先通风、再检测、后作业
答案：D

31. 有限空间作业前，应封闭作业区域，并在出入口周边显著位置设置（　　）。
A. 操作规程
B. 安全标志和警示标识
C. 应急处置方案
D. 作业指导书
答案：B

32. 进入有限空间作业必须首先采取通风措施，保持空气流通，（　　）用纯氧进行通风换气。
A. 必须　　　　B. 严禁　　　　C. 应该　　　　D. 视情况可以
答案：B

33. 对于不同密度的气体应采取不同的通风方式。有毒有害气体密度比空气轻的（如甲烷、一氧化碳）通风时应选择（　　）。
A. 底部　　　　B. 中上部　　　　C. 中部　　　　D. 中下部
答案：B

34. 有限空间作业时所用的一切电气设备，必须符合有关用电安全技术规程的要求。照明和手持电动工具应使用（　　）。
A. 220V电压　　B. 110V电压　　C. 安全电压　　D. 蓄电池
答案：C

35. 作业现场（　　）设置监护人员，配备应急装备。
A. 严禁　　　　B. 可以　　　　C. 必须　　　　D. 视情况而定是否
答案：C

36. 有限空间作业必须配备个人防中毒、窒息等防护装备，设置安全警示标识，严禁无防护监护措施作业。现场要备足救生用的安全带、防毒面具、空气呼吸器等防护救生器材，并确保器材处于有效状态。以下不属于安全防护装备的是（　　）。
A. 照明设备　　B. 通风设备　　C. 通讯设备　　D. 太阳镜
答案：D

37. 导线要收拾好，（　　）在地面上拖来拖去。
A. 不得　　　　B. 可以　　　　C. 必须　　　　D. 视情况而定是否
答案：A

38. 回流泵、剩余泵等电气设备正常运行中自动停车后，应保持操作控制柜处于原状态，并立即报告有关部门检查，在未查明故障原因前，（　　）再次启动。
A. 禁止　　　　B. 可以　　　　C. 必须　　　　D. 视情况而定是否
答案：A

39. 所有的用电设备配相应的电线、电路和开关，要求（　　），所连用电设备禁止超负荷运行。
A. 一机一闸一线路
B. 一机一闸一保护
C. 一机两闸一保护
D. 一机一闸
答案：B

40. （　　）是指事故灾难预警期或事故灾难发生后，为最大限度地降低事故灾难的影响，有关组织或人员采取的应急行动。
A. 应急准备　　B. 应急响应　　C. 应急预案　　D. 应急救援
答案：B

41. 综合应急预案是生产经营单位应急预案体系的总纲，主要从总体上阐述事故的应急工作原则，内容不包括（　　）。

A. 生产经营单位的应急组织机构及职责　　B. 生产经营单位的应急预案体系
C. 生产经营单位具体场所的应急处置措施　　D. 生产经营单位的预警及信息报告
答案：C

42. 现场处置方案是生产经营单位根据不同事故类型，针对具体的场所、装置或设施所制定的应急处置措施，内容不包括（　　）。
A. 事故风险分析　　B. 生产经营单位的应急组织机构及职责
C. 应急工作职责　　D. 应急处置和注意事项
答案：B

43. 一个完善的应急预案按相应的过程可分为 6 个一级关键要素，以下不属于上述要素的是（　　）。
A. 应急资源收集　　B. 应急响应　　C. 应急策划　　D. 应急准备
答案：A

44. 应急准备是根据应急策划的结果，主要针对可能发生的应急事件，做好各项准备工作，应急准备不包括（　　）。
A. 组织机构与职责　　B. 应急队伍的建设
C. 应急装备的配置　　D. 事态监测与评估
答案：D

45. 应急响应是在事故险情、事故发生状态下，在对事故情况进行分析评估的基础上，有关组织或人员按照应急救援预案所采取的应急救援行动。以下属于应急响应的主要任务的是（　　）。
A. 组织机构与职责　　B. 应急队伍的建设
C. 应急人员的培训　　D. 应急人员安全
答案：D

46. 应急响应是在事故险情、事故发生状态下，在对事故情况进行分析评估的基础上，有关组织或人员按照应急救援预案所采取的应急救援行动。以下不属于应急响应主要任务的是（　　）。
A. 信息网络的建立　　B. 事态监测与评估　　C. 通讯　　D. 公共关系
答案：A

47. 一旦发生突发安全事故，发现人应在第一时间向直接领导进行上报，视实际情况进行处理，并视现场情况拨打社会救援电话，以下不属于社会救援电话的是（　　）。
A. 110　　B. 120　　C. 114　　D. 119
答案：C

48. （　　）是指当伤口很深，流血过多时，应该立即止血。如果条件不足，一般用手直接按压可以快速止血。通常会在 1～2min 之内止血。如果条件允许，可以在伤口处放一块干净、吸水的毛巾，然后用手压紧。
A. 立刻止血　　B. 清洗伤口　　C. 给伤口消毒　　D. 快速包扎
答案：A

49. 以下关于在事故发生后救援的描述不正确的是（　　）。
A. 紧急呼救　　B. 先救命后治伤，先轻伤后重伤后
C. 先抢后救、抢中有救，尽快脱离事故现场　　D. 医护人员以救为主，其他人员以抢为主
答案：B

二、多选题

1. 对于有限空间内可能存在的危险气体环境，应采取消除有限空间内的危险源的措施有（　　）。
A. 专项培训　　B. 装备配备　　C. 作业审批
D. 发包免责　　E. 现场管理
答案：ABCE

2. 在实施有限空间作业前，应当将（　　）告知作业人员。
A. 救援设备的使用方法　　B. 有限空间作业方案
C. 作业现场可能存在的危险有害因素　　D. 防控措施　　E. 作业任务

答案：BCD

3. 有限空间作业中发生事故后，以下应急处置描述正确的是(　　)。
   A. 现场有关人员应当立即报警
   B. 现场有关人员报警后立刻进行施救
   C. 施救过程中应当做好自身防护，佩戴必要的呼吸器具、救援器材
   D. 施救应一人进行，以免扩大伤亡
   E. 现场人员立即进行救援处置
   答案：ABC

4. 《危险化学品安全管理条例》第十四条明确规定：生产危险化学品的，应当在危险化学品的包装内附有与危险化学品完全一致的(　　)，并在包装上加贴或者拴挂与包装内危险化学品完全一致的(　　)。
   A. 化学品安全技术说明书　　　　　B. 化学品技术安全说明书
   C. 化学品标签　　　　　　　　　　D. 化学品安全标签
   答案：AD

5. 安全从业人员的职责包括(　　)。
   A. 不断提高安全意识，丰富安全生产知识，增加自我防范能力
   B. 积极参加安全学习及安全培训，掌握本职工作所需的安全生产知识，提高安全生产技能，增加事故预防和应急处理能力
   C. 爱护和正确使用机械设备，工具及个人防护用品
   D. 自觉遵守安全生产规章制度，不违章作业，并随时制止他人的违章作业
   答案：ABCD

6. 安全生产法中对安全从业人员的义务进行了明确规定，其内容包括(　　)。
   A. 从业人员在作业过程中，应当遵守本单位的安全生产规章制度和操作规程，服从管理
   B. 正确佩戴和使用劳动防护用品
   C. 接受培训，本职工作所需的安全生产知识，提高安全生产技能，增强事故预防和应急处理能力
   D. 发现事故隐患或者其他不安全因素时，应当立即向现场安全生产管理人员或者本单位负责人报告
   答案：ABCD

7. 有限空间作业前应做好辨识，具体是指(　　)。
   A. 是否存在可燃气体、液体或可燃固体的粉尘，而造成火灾爆炸；是否存在有毒、有害气体，而造成人员中毒
   B. 是否存在固体坍塌，而引起人员的掩埋或窒息危险；是否存在触电、机械伤害等危险
   C. 是否存在缺氧，而造成人员窒息；是否存在液体水平位置的升高，而造成人员淹溺
   D. 查清管径、井深、水深、上下游是否存在其他危害
   答案：ABCD

8. 在确定有限空间范围后，首先打开有限空间的门、窗、通风口、出入口、人孔、盖板等进行(　　)。处于低洼处或密闭环境的有限空间，仅靠自然通风很难置换掉有毒有害气体，还必须进行(　　)以迅速排除限定范围有限空间内的有毒有害气体。
   A. 自然通风　　　B. 强制通风　　　C. 检验检测　　　D. 劳动防护用品穿戴
   答案：AB

9. 作业过程中应加强通风换气，在(　　)的浓度可能发生变化时应保持必要的检测次数和连续检测。
   A. 有害气体　　　B. 可燃性气体　　　C. 粉尘　　　D. 氧气
   答案：ABCD

10. 采用悬架或沿墙架设时，(　　)，确保电线下的行人、行车、用电设备安全。
    A. 房内不得低于2m　　　　　　　B. 房内不得低于2.5m
    C. 房外不得低于4m　　　　　　　D. 房外不得低于4.5m
    答案：BD

11. 关于临时用电，以下描述正确的是(　　)。

A. 移动式临时线必须采用有保护芯线的橡胶套绝缘软线,长度一般不超过12m
B. 单相用四芯,三相用三芯
C. 临时线装置必须有一个漏电开关,并且均需安装熔断器
D. 电缆或电线的绝缘层破损处要用电工胶布包好,不能用其他胶布代替,更不能直接使用

答案:CD

12. 针对临时用电,必须注意的事项有( )。
A. 一定要按临时用电要求安装线路,严禁私接乱拉,先把设备端的线接好后才能接电源,还应按规定时间拆除
B. 临时线路不得有裸露线,电气和电源相接处应设开关、插座,露天的开关应装在箱匣内保持牢固,防止漏电,临时线路必须保证绝缘性良好,使用负荷正确
C. 采用悬架或沿墙架设时,房内不得低于2m,房外不得低于4.5m,确保电线下的行人、行车、用电设备安全
D. 严禁在易燃、易爆、刺割、腐蚀、碾压等场地铺设临时线路,临时线一般不得任意拖地,若一定要在地上拖放,必须用防护管防护

答案:ABD

13. 为了迅速、有效地应对可能发生的事故灾难,控制或降低其可能造成的后果和影响,应进行一系列有计划、有组织的管理,包括( )阶段。
A. 预防   B. 准备   C. 响应   D. 恢复

答案:ABCD

14. 专项应急预案包括( )。
A. 事故风险分析   B. 应急预案体系
C. 应急指挥机构及职责   D. 处置程序和措施

答案:ACD

15. 应急预案是针对各级可能发生的事故和所有危险源制定的应急方案,必须考虑( )的各个过程中相关部门和有关人员的职责,物资与装备的储备或配置等各方面需要。
A. 事前   B. 事发   C. 事中   D. 事后

答案:ABCD

16. 关于应急救援的方针与原则描述正确的有( )。
A. 反映应急救援工作的优先方向
B. 反映应急救援工作的政策、范围和总体目标
C. 满足应急预案的针对性、科学性、实用性与可操作性要求
D. 体现预防为主、常备不懈、统一指挥、高效协调以及持续改进的思想

答案:ABD

17. 关于应急策划描述正确的有( )。
A. 依法编制应急预案
B. 反映应急救援工作的优先方向
C. 对预案的制定、修改、更新、批准和发布做出管理规定
D. 满足应急预案的针对性、科学性、实用性与可操作性的要求

答案:AD

18. 关于对预案管理与评审改进描述正确的是( )。
A. 对预案的制定、修改、更新、批准和发布做出管理规定
B. 保证定期或应急演习
C. 应急救援后对应急预案进行评审
D. 针对实际情况的变化以及预案中所暴露出的缺陷,不断地更新、完善和改进应急预案文件体系

答案:ABCD

19. 应急响应主要任务包括( )。

A. 医疗与卫生 B. 人群疏散与安置 C. 通讯 D. 泄漏物控制
答案：ABCD
20. 应急准备主要任务包括( )。
A. 应急物资的储备 B. 应急预案的演练
C. 信息网络的建立 D. 公众知识的培训
答案：ABCD

三、简答题

1. 简述有限空间作业的现场要求。
答：(1)空气监测；(2)通风或置换；(3)保持有限空间出入口畅通；(4)设置明显的安全警示标志和警示说明；(5)作业前清点作业人员和工器具；(6)作业人员与外部有可靠的通讯联络；(7)有限空间作业现场应明确监护人员和作业人员；(8)存在交叉作业时，采取避免互相伤害的措施；(9)有限空间作业结束后，作业现场负责人、监护人员应当对作业现场进行清理，撤离作业人员。

四、实操题

1. 进入有限空间作业前，如何进行气体评估检测？
答：选用气体检测报警仪，检查并开机。(1)检查中注意气体检测报警仪外观完好，仪器在有效期内；(2)在空气洁净的环境中开机，检查仪器电亮充足，仪器自检调零正常。

第二节　理论知识

一、单选题

1. 将两个以上城镇地区的污水统一排除和处理的系统是( )。
A. 区域排水系统 B. 街道排水系统 C. 地区排水系统 D. 城镇排水系统
答案：A

2. 当污水管内的流速不能保证自清时，为防止淤塞可设置( )。
A. 跌水井 B. 水封井 C. 冲洗井 D. 防潮井
答案：C

3. 只具有污水排水系统，未建雨水排水系统时，初雨径流未加处理就直接排入水体，可能对城市水体造成污染的是( )。
A. 直流式合流制排水 B. 截流式合流制排水 C. 不完全分流制排水 D. 完全分流制排水
答案：A

4. 收集生活污水，并将其排送至室外居住小区污水管道中去的是( )。
A. 室内污水管道系统 B. 室外污水管道系统 C. 污水泵站及压力管道 D. 污水处理厂
答案：A

5. 在地势向水体适当倾斜的地区，各排水流域的干管以最短距离沿与水体垂直相交的方向布置指的是( )。
A. 正交布置 B. 平行布置 C. 分散布置 D. 环绕布置
答案：A

6. 污水与雨水分开，在雨水管道的尾部设置溢流井的是( )。
A. 直流式合流制排水 B. 截流式合流制排水 C. 不完全分流制排水 D. 部分分流制排水
答案：D

7. 活性污泥中细菌的主要存在形式是( )。
A. 单细胞 B. 菌胶团 C. 多细胞 D. 游离态

答案：B

8. 通过观察（　　）染色均匀与否可以判断细菌处于幼龄还是衰老阶段。
A. 细胞壁　　　　　　B. 细胞膜　　　　　　C. 细胞质　　　　　　D. 细胞核
答案：C

9. （　　）是抵抗恶劣环境的一个休眠体。
A. 细胞壁　　　　　　B. 细胞膜　　　　　　C. 细胞质　　　　　　D. 芽孢
答案：D

10. 下列对于离心泵转速、流量、扬程、轴功率的关系描述错误的是（　　）。
A. 当叶轮直径不变时，转速与流量成正比
B. 当叶轮直径不变时，转速的平方与扬程成正比
C. 当叶轮直径不变时，转速的三次方与轴功率成正比
D. 以上都不对
答案：D

11. 下列关于超声波流量计的表述错误的是（　　）。
A. 超声波流量计是一种非接触式仪表，它既可以测量大管径的介质流量，也可以用于不易接触和观察的介质的测量
B. 超声波流量计由超声波换能器、电子线路及流量显示和累积系统三部分组成
C. 超声流量计和电磁流量计一样，因仪表流通通道未设置任何阻碍件，均属于无阻碍流量计
D. 非满管超声波流量计、巴氏计量槽流量计、多普勒超声波流量计适用于污水行业，主要使用的是非满管超声波流量计和巴氏计量槽流量计
答案：D

12. 下列关于电磁流量计的结构描述错误的是（　　）。
A. 磁路系统的作用是产生均匀的直流或交流磁场。电磁流量计一般采用交变磁场，且是由50Hz工频电源激励产生的
B. 测量导管的作用是让被测导电性液体通过。为了使磁力线通过测量导管时磁通量被分流或短路，测量导管必须采用不导磁、低导电率、低导热率和具有一定机械强度的材料制成
C. 测量导管的作用是让被测导电性液体通过，可选用不导磁的不锈钢、玻璃钢、高强度塑料、铝等
D. 电极的作用是引出和被测量成正比的感应电势信号。电极一般用非导磁的不锈钢制成，且被要求与衬里齐平，以便流体通过时不受阻碍。它的安装位置宜在管道的水平方向
答案：C

13. 下列关于质量流量计说法错误的是（　　）。
A. 质量流量计采用感热式测量，通过分体分子带走的分子质量多少来测量流量，因为是用感热式测量，所以不会因为气体温度、压力的变化而影响到测量的结果
B. 质量流量计是不能控制流量的，它只能检测液体或者气体的质量流量，通过模拟电压、电流或者串行通讯输出流量值
C. 质量流量计可分为两类：一类是直接式，即直接输出质量流量；另一类为间接式或推导式，如应用超声流量计和密度计组合，对它们的输出再进行乘法运算以得出质量流量
D. 质量流量计适用于多种介质，测量准确度高、可靠性好、维修率低、具有核心处理器，但对安装位置要求极高，无法根据实际情况进行调整
答案：D

14. 下列描述错误的是（　　）。
A. 污泥中含有大量的微生物
B. 污泥中有大量的有毒有害物质，如寄生虫卵、病原微生物、细菌、合成有机物以及重金属等
C. 污泥中含有非常多的有用物质，如植物营养素（氮、磷、钾）、有机物及水分等
D. 城市生活污水产生的污泥中含有大量的有机物，不含无机物
答案：D

15. 下列描述错误的是( )。
   A. 污泥中所含水分的质量与污泥总质量之比的百分数称为污泥含水率
   B. 污泥的含水率一般都很高,可高达97%以上
   C. 污泥含水率比重接近1
   D. 污泥的体积、重量及所含固体物浓度之间的关系,可用如下公式表示:$V_1/V_2 = (100-P_1)/(100-P_2)$。其中,$V_1$、$V_2$为污泥体积;$P_1$、$P_2$分别表示污泥体积为$V_1$、$V_2$时的含水率(%)
   答案:D

16. 下列关于城市污水处理厂污泥的描述错误的是( )。
   A. 污泥中的重金属溶解度小、性质稳定、难以去除
   B. 污泥中可能含有病原菌、寄生虫、致病微生物等,可导致流行性传染病
   C. 污泥中含大量盐分,会提高土壤电导率,破坏植物养分平衡
   D. 污泥中含有较多的氮,但磷含量较少,所以不会造成水体的富营养化污染
   答案:D

17. 管道式污泥除渣机是一个( )安装的粗大杂质分离器,可实现连续过滤、排泥和传输、压榨固体栅渣。
   A. 管状竖直   B. 管状水平   C. 倾斜45°角   D. 倾斜30°角
   答案:B

18. 下列关于浓缩池说法不正确的是( )。
   A. 运行方式可分为间歇式浓缩池和连续式浓缩池两类
   B. 间歇式浓缩池处理能力弱,主要用于小型处理设施间断操作
   C. 连续式浓缩池处理能力较强,适用于大中型废水处理
   D. 重力浓缩池可分为矩形池和圆形池,圆形重力浓缩池的进泥管一般在池四周
   答案:D

19. 关于浓缩池设置慢速搅拌器的作用,下列描述不正确的是( )。
   A. 增加颗粒之间的凝聚作用   B. 缩短浓缩时间
   C. 使颗粒之间的间隙水与气泡逸出   D. 增强浓缩效果
   答案:A

20. 离心脱水机的运行控制,主要应控制转鼓转速、螺旋推料器的差速等,下列说法不正确的是( )。
   A. 转鼓转速直接决定了污泥在离心机内部受到的离心力的大小,也决定了污泥的沉降速度和处理量,带式浓缩机通常要查看网带跑偏情况
   B. 螺旋的推料差速作用将转鼓分离沉降好的泥饼连续不断地推向离心脱水机排渣口,使之排出机外
   C. 液层深度是污泥在离心力的作用下,在转鼓内壁形成的固渣与液体的混合圆环的厚度。因为存在固液密度差,所以固体在内,液体在外
   D. 每台离心机都有一个最大进泥量和最大固体物浓度
   答案:C

21. 关于堆肥,下列说法不正确的是( )。
   A. 污泥堆肥通过污泥中好氧微生物的生物代谢作用,使污泥中有机物转化成稳定的腐殖质
   B. 代谢过程中产生的热量使堆料温度升高至40℃以上,可有效杀死病原菌、寄生虫卵和杂草种子
   C. 堆肥使水分蒸发,可以实现污泥稳定化、减量化和无害化
   D. 污泥堆肥的工艺流程包括预处理、主发酵、后腐熟、深加工等
   答案:B

22. 关于堆肥调理剂,下列说法不正确的是( )。
   A. 调理剂是快速堆肥中必不可少的添加剂,它可以起到调节物料碳氮比、含水率、堆肥养分等作用
   B. 从调理剂是否参与发酵过程的角度,将调理剂分为活性调理剂和惰性调理剂
   C. 活性调理剂指的是本身含有易降解有机物,在堆肥过程中不参与有机质降解过程的调理剂
   D. 惰性调理剂是在堆肥过程中不被微生物降解,起到调节堆体的物理结构和改善堆肥品质的作用
   答案:C

23. 关于污泥焚烧炉，下列说法不正确的是(   )。
   A. 污泥焚烧炉主要包括流化床焚烧炉、回转窑式焚烧炉和立式多膛焚烧炉
   B. 流化床焚烧炉利用炉底布风板吹出的热风，让污泥悬浮起呈沸腾(流化)状进行燃烧
   C. 回转窑式焚烧炉焚烧能力低、污染物排放较难控制
   D. 回转窑式焚烧炉炉温控制困难、对污泥发热量要求较高
   答案：C

24. 污泥单独焚烧时，干化段污泥的含水率小于45%，最佳干化段污泥含水率小于(   )，以减少辅助热源的使用量。
   A. 20%   B. 30%   C. 40%   D. 50%
   答案：C

25. 下列关于厌氧消化系统描述不正确的是(   )。
   A. 厌氧消化系统的构成主要包括消化池、进排泥系统、搅拌系统、排浮渣系统、沼气收集系统、污泥换热系统和药剂投配系统等
   B. 厌氧消化的主要构成为消化池
   C. 消化池按照外形，分为矩形、方形、圆柱形、卵形等
   D. 卵形消化池基本上采用混凝土结构，底部呈圆锥形，顶部气相空间大
   答案：D

26. 下列关于消化池机械搅拌系统描述不正确的是(   )。
   A. 机械搅拌系统又可分为泵搅拌和叶轮搅拌
   B. 泵搅拌用泵将消化池底部的污泥抽出，经污泥泵加压后再送至浮渣表面或消化池的不同部位，进行循环搅拌
   C. 泵安装于消化池内部，高速喷嘴喷射出的水流形态可以使消化池内的物料达到充分混合
   D. 混合泵的出料端压力剧增，说明相应的混合设备可能出现问题，如管道或喷嘴堵塞
   答案：C

27. 下列关于消化池沼气搅拌系统描述不正确的是(   )。
   A. 沼气搅拌是将消化池气相部分沼气抽出，经压缩后再释放回消化池
   B. 沼气搅拌没有机械磨损，搅拌力度大
   C. 沼气搅拌系统分为四类：扩散器式、吊管式、导流筒式、气塞式
   D. 沼气搅拌的重点设备是扩散器
   答案：D

28. 生物脱硫技术仍然面临的挑战有(   )。
   A. 条件控制不当时，沼气生物脱硫系统将硫化氢大部分氧化成硫酸盐而不是单质硫
   B. 系统排出废液中含有大量硫酸盐，会导致二次污染
   C. 产生的单质硫容易堵塞填料，而且单质硫难以分离
   D. 以上全都对
   答案：A

29. 阴离子型PAM用于絮凝污泥时，一般配置(   )左右的水溶液，阳离子型可配制成(   )。
   A. 0.1%，1%~5%   B. 0.1%，0.1%~0.5%
   C. 1%~5%，0.1%   D. 0.1%~0.5%，0.1%
   答案：B

30. 污泥比阻，是指在一定压力下，在单位过滤介质面积上，单位重量的干污泥所受到的(   )，常用 r(m/kg)表示。
   A. 张力   B. 压力   C. 离心力   D. 阻力
   答案：D

31. 差速越低，泥饼被推出离心机的速度(   )，对清液的排放形成了扰动，泥饼向滤液的渗透面加大，泥饼的含固量(   )。

A. 越慢，越高　　　B. 越慢，越低　　　C. 越快，越高　　　D. 越快，越低
答案：A

32. 堆肥代谢过程中产生的热量使堆料温度升高至（　　）以上，可有效杀死病原菌、寄生虫卵和杂草种子，并使水分蒸发，实现污泥的稳定化、减量化和无害化。
A. 35℃　　　　　B. 45℃　　　　　C. 55℃　　　　　D. 65℃
答案：C

33. 消化池碱度、pH、硫化物以及重金属浓度发生变化时，应投加药剂改善消化池内的生化环境，常见的药剂不含（　　）。
A. 碳酸氢钠　　　B. 氯化铁　　　　C. 硫酸铁　　　　D. 次氯酸钠
答案：D

34. 厌氧消化产甲烷阶段：通过两种不同类型的产甲烷菌作用，一类将氢和（　　）转化为甲烷，另一类将乙酸转化成甲烷和碳酸氢盐。
A. 二氧化碳　　　B. 硫化氢　　　　C. 一氧化碳　　　D. 氧气
答案：A

35. 消化过程中连续产酸，因此有使 pH 降低的趋势，而产甲烷过程会产生（　　）。
A. 二氧化碳　　　B. 硫化氢　　　　C. 一氧化碳　　　D. 碱度
答案：D

36. 消化池投配率过高，消化池内（　　）可能积累，pH 下降，污泥消化不完全，产气率降低。
A. 二氧化碳　　　B. 脂肪酸　　　　C. 一氧化碳　　　D. 碱度
答案：B

37. 合理确定消化池处理能力的两个参数分别是（　　）和挥发性固体负荷率。
A. 投配率　　　　B. pH　　　　　　C. SRT　　　　　 D. 温度
答案：C

38. 沼气管道的压力损失包括沿程阻力损失和局部阻力损失。局部损失比较大的环节是水封罐、阻火器、（　　）等。
A. 沼气管线　　　B. 冷凝水井　　　C. 火炬　　　　　D. 脱硫装置
答案：D

39. 下列关于热处理说法不正确的是（　　）。
A. 热处理会降低污泥中挥发性固形物占总固形物的比例
B. 污泥的絮体结构在温度达到100℃时，就会发生较大的变化
C. 热处理会导致污泥絮体结构和部分微生物的细胞结构破碎，释放絮体内和细胞内的水
D. 热处理会破坏污泥絮体结构中的氢键，从而使污泥中的间隙水释放出来
答案：B

40. 污泥中氮主要以（　　）的形式存在。在污泥热处理过程中，由于（　　）的水解，污泥中氮会发生形态转变，从不溶态转变为溶解态。
A. 蛋白质，脂肪　　B. 脂肪，蛋白质　　C. 蛋白质，蛋白质　　D. 脂肪，脂肪
答案：C

41. 热处理过程中，氮的释放随着处理温度的升高和处理时间的延长而增加，低温下，由于蛋白质水解程度较低，污泥热处理释放出的总氮主要为（　　）。
A. 硝态氮　　　　B. 凯氏氮　　　　C. 亚硝氮　　　　D. 有机氮
答案：D

42. 污泥焚烧系统的核心是（　　）。
A. 干化系统和焚烧系统　　　　　　B. 干化系统和储运系统
C. 余热利用系统和干化系统　　　　D. 余热利用系统和焚烧系统
答案：A

43. 流化床焚烧炉密相区的温度宜为（　　）。

A. 550~650℃ B. 850~950℃ C. 950~1050℃ D. 1100~1200℃
答案：B

44. 生物脱硫是在一定条件下，利用（　　）的代谢作用将硫化氢转化为（　　）的脱硫方式。它既解决了传统脱硫方法的污染问题，又可以回收硫资源，能够实现环保和低成本脱硫。
　　A. 微生物，二氧化硫　　B. 细菌，单质硫　　C. 微生物，单质硫　　D. 细菌，二氧化硫
　　答案：C

45. 湿式脱硫是指利用水或碱液洗涤沼气，通常使用碱液比较多。碱液可使用氢氧化钠溶液或（　　）溶液。
　　A. 次氯酸钠　　B. 氢氧化钙　　C. 碳酸钠　　D. 碳酸氢钠
　　答案：D

46. 下列不属于沼气利用途径的是（　　）。
　　A. 沼气中的二氧化碳可以用于生产纯碱
　　B. 沼气中的二氧化碳可作为生产四氯化碳或者有机玻璃树脂的原料
　　C. 沼气净化提纯后直接与城市天然气管线并网，供给周边居民或工业客户使用
　　D. 沼气用作燃料，在污水处理厂里直接利用，用于弥补能源不足，是最广泛的利用途径
　　答案：B

47. 下列说法不正确的是（　　）。
　　A. 水是牛顿流体
　　B. 氨氮是高含固污泥厌氧消化过程中的主要抑制物，且消化污泥中氨氮含量大于600mg/L时，系统会出现明显抑制
　　C. 温度是影响污泥流变特性的重要因素
　　D. 剩余污泥经热水解后其pH会降低
　　答案：B

48. 下列关于厌氧消化前后污泥中组分变化的说法不正确的是（　　）。
　　A. 消化后污泥中的COD增加　　B. 消化后污泥中的氨氮含量增加
　　C. 消化后污泥中的碱度增加　　D. 消化后污泥中的EPS组分中多糖增加
　　答案：D

49. 下列说法正确的是（　　）。
　　A. 水热处理温度越高，越有利于污泥中碳、氮的溶出
　　B. 热水解处理技术一般是采用较高温度和较低压力蒸汽对污泥进行蒸煮和瞬时卸压汽爆闪蒸的工艺，使污泥中的细胞破壁，胞外聚合物水解，以提高污泥流动性
　　C. 污泥厌氧消化的有机物分解率一般大于60%
　　D. 污泥厌氧消化后的上清液中的氨氮含量较低
　　答案：A

50. 热水解过程可以发生诸多反应，下列说法不正确的是（　　）。
　　A. 污泥絮体破碎甚至微生物细胞破裂，导致有机物的释放
　　B. 大分子有机物（蛋白质、多糖等）分解为小分子的有机酸等物质
　　C. 蛋白质、多糖间发生美拉德反应
　　D. 污泥中溶解态有机物转变为颗粒状
　　答案：D

51. 下列说法不正确是（　　）。
　　A. 水解是未经预处理的污泥厌氧消化过程的主要限速步骤
　　B. 热水解预处理可将大部分不溶态有机物水解至液相
　　C. 高含固污泥热水解中温厌氧消化工艺可大幅度提升能耗和消化池容积
　　D. 污泥厌氧消化的主要目的是将污泥中的不溶态有机物转化为沼气
　　答案：C

52. 某厂采用热水解作为污泥厌氧消化的预处理工序，经过热水解后，下列说法正确的是（　　）。

A. 污泥高温热水解包括污泥絮体的解体，即高温条件下絮体内部及表面的胞外聚合物溶解，同时絮体结构中的氧键受到破坏，污泥变得松散

B. 污泥高温热水解包括污泥絮体的解体，即高温条件下絮体内部及表面的胞外聚合物溶解，同时絮体结构中的碳键受到破坏，污泥变得松散

C. 污泥高温热水解包括污泥絮体的解体，即高温条件下絮体内部及表面的胞外聚合物溶解，同时絮体结构中的氮键受到破坏，污泥变得松散

D. 污泥高温热水解包括污泥絮体的解体，即高温条件下絮体内部及表面的胞外聚合物溶解，同时絮体结构中的氢键受到破坏，污泥变得松散

答案：D

53. 污泥高温热水解过程中，导致污泥中氨氮增加的过程是（　　）。
  A. 污泥絮体解体　　　　　　　　　B. 污泥细胞破碎
  C. 大分子有机物水解　　　　　　　D. 小分子有机物水解
  答案：C

54. 污泥厌氧消化的主要目的是将污泥中的不溶态有机物转化为沼气，下列说法正确的是（　　）。
  A. 该过程可通过颗粒态COD(PCOD)→溶解态COD(SCOD)→气态COD(GCOD)进行表征
  B. 该过程可通过溶解态COD(SCOD)→颗粒态COD(PCOD)→气态COD(GCOD)进行表征
  C. 该过程可通过颗粒态COD(GCOD)→气态COD(PCOD)→溶解态COD(SCOD)进行表征
  D. 该过程可通过气态COD(GCOD)→颗粒态COD(PCOD)→溶解态COD(SCOD)进行表征
  答案：A

55. 污泥经过热水解预处理后再进行厌氧消化，下列说法正确的是（　　）。
  A. 经热水解处理后，剩余污泥厌氧消化上清液中氨氮和总氮浓度增加，故厌氧消化上清液返回污水处理厂处理时，应考虑氨氮冲击负荷
  B. 经热水解处理后，剩余污泥厌氧消化上清液中SS和总磷浓度增加，故厌氧消化上清液返回污水处理厂处理时，应考虑SS和总磷冲击负荷
  C. 经热水解处理后，剩余污泥厌氧消化上清液中BOD浓度增加，故厌氧消化上清液返回污水处理厂处理时，应考虑BOD冲击负荷
  D. 经热水解处理后，剩余污泥厌氧消化上清液中COD浓度增加，故厌氧消化上清液返回污水处理厂处理时，应考虑COD冲击负荷
  答案：A

56. 堆肥产品的最终处置方式一般是农用，因此，堆肥过程中的养分损失是一个值得关注的问题，导致养分损失的原因主要有（　　）。
  A. 氮的挥发　　　B. 通风　　　C. 添加调理剂　　　D. 堆体覆盖
  答案：A

57. 在堆肥工程中，自由空域是指堆体中空气的体积与堆体总体积之比。下列不是影响自由空域的因素为（　　）。
  A. 堆体的含水率　　B. 物料的机械强度　　C. 堆体的高度　　D. 曝气量
  答案：D

58. 污泥焚烧烟气的主要污染物的日均限值一般为（　　）。
  A. 总颗粒物10mg/m³，二恶英0.1ng TEQ/m³　　B. 总颗粒物1mg/m³，二恶英0.2ng TEQ/m³
  C. 总颗粒物1mg/m³，二恶英1ng TEQ/m³　　　D. 总颗粒物10mg/m³，二恶英10ng TEQ/m³
  答案：A

59. 下列关于污泥干化运行描述正确的是（　　）。
  A. 运行中，污泥的有机物含量增加，导致污泥的黏度变大，水分难以蒸发，造成干化能力下降
  B. 运行中，污泥的有机物含量增加，导致污泥的黏度变小，水分难以蒸发，造成干化能力下降
  C. 运行中，污泥的有机物含量降低，导致污泥的黏度变大，水分难以蒸发，造成干化能力下降
  D. 运行中，污泥的有机物含量降低，导致污泥的黏度变小，水分难以蒸发，造成干化能力下降

答案：A

60. 下列关于污泥焚烧产物的描述正确的是( )。
A. 根据《国家危险废物名录》，飞灰和炉渣属于危废
B. 根据《国家危险废物名录》，飞灰和炉渣不属于危废
C. 污泥焚烧烟气中有代表性的污染物是硫化氢和一氧化碳
D. 污泥焚烧烟气中有代表性的污染物是硫化氢和二硫化碳
答案：B

61. 下列关于污泥焚烧的描述不正确的是( )。
A. 污泥焚烧是指污泥中的有机质在一定温度、气相充分有氧的条件下发生燃烧反应，并转化成二氧化碳和水等相应的气态物质的过程
B. 污泥含水率、热值和掺烧率对焚烧锅炉的热效率有较大影响，污泥含水率高、热值低和掺烧比例大时，不易燃烧，要补充大量辅助燃料，增加了运行费用
C. 污泥含水率、热值和掺烧率对焚烧锅炉的热效率有较大影响，污泥含水率高、热值低和掺烧比例小时，不易燃烧，要补充大量辅助燃料，增加了运行费用
D. 污泥焚烧包括蒸发、挥发、分解、烧结、熔融和氧化还原反应，以及相应的传质和传热的综合物理和化学反应过程
答案：C

62. 下列关于厌氧消化描述不正确的是( )。
A. 钠是污水中广泛存在的元素，在污泥中浓度更高，在碱预处理过程中往往要加入氢氧化钠，钠离子浓度过高会对厌氧消化产生抑制作用，降低厌氧消化的产甲烷效率
B. 钾是污水中广泛存在的元素，在污泥中浓度更高，在碱预处理过程中往往要加入氢氧化钾，钾离子浓度过高会对厌氧消化产生抑制作用，降低厌氧消化的产甲烷效率
C. 氨是蛋白质和尿素降解的产物之一，氨浓度较低时能促进厌氧消化，在热预处理过程中，随着温度的升高，游离氨的浓度不断增大，游离氨浓度增加到一定程度时能透过细胞膜使细胞质子失衡，从而抑制产甲烷菌产甲烷
D. 氨是蛋白质和尿素降解的产物之一，氨浓度较低时能促进厌氧消化，在热预处理过程中，随着温度的降低，游离氨的浓度不断增大，游离氨浓度增加到一定程度时能透过细胞膜使细胞质子失衡，从而抑制产甲烷菌产甲烷
答案：D

63. 下列关于污泥好氧堆肥描述不正确的是( )。
A. 升温期以嗜温微生物为主，利用糖类、淀粉类等可溶性易降解有机物进行旺盛的生命活动，迅速繁殖
B. 高温期以嗜热微生物为主，主要为放线菌，能分解纤维素、蛋白质等复杂有机物
C. 降温期随着温度的降低，嗜热微生物重新得以生长繁殖，成为优势菌群
D. 降温期随着温度的降低，嗜温微生物重新得以生长繁殖，成为优势菌群
答案：C

64. 在影响混凝的主要因素中，能直接改变混凝剂水解产物存在形态的是( )。
A. 水温　　　　B. pH　　　　C. 混凝剂　　　　D. 水力条件
答案：B

65. 污泥的化学调质作用机理不包括( )。
A. 脱稳凝聚　　　B. 吸附卷扫　　　C. 架桥絮凝　　　D. 加快颗粒的运动速度
答案：D

66. 污泥指数的单位一般用( )表示。
A. mg/L　　　　B. d　　　　C. mL/g　　　　D. s
答案：C

67. 初沉池的污泥与剩余污泥相比较，主要特点是( )。
A. 无机成分多、颗粒大，因此容易浓缩　　　B. 无机成分多、颗粒小，因此不易浓缩

C. 无机成分少、颗粒大，因此容易浓缩 D. 污泥成分少、颗粒小，因此不易浓缩
答案：A

68. 污泥的气浮浓缩适用于相对密度接近( )的活性污泥。
A. 0.5 B. 1 C. 1.5 D. 2
答案：B

69. 下列不属于污泥厌氧消化影响因素的是( )。
A. 温度 B. 污泥投配率 C. 碳氮比 D. 湿度
答案：D

70. 污泥在湿式燃烧时，复杂有机物降解为简单成分。降解难易程度为( )。
A. 淀粉＜蛋白质＜脂肪类 B. 蛋白质＜淀粉＜脂肪类
C. 淀粉＜脂肪类＜蛋白质 D. 脂肪类＜淀粉＜蛋白质
答案：A

71. 污泥泵容易堵塞和损坏，最好采用( )。
A. 非自灌式污泥泵 B. 自灌式污泥泵 C. 清水泵 D. 隔膜泵
答案：B

72. 污泥脱水是依靠过滤介质两面的( )作为推动力，使水分强制通过过滤介质。
A. 温度差 B. 压力差 C. 张力 D. 挤压
答案：B

73. 有机污泥( )均由( )的脱体颗粒组成。
A. 疏水性带，正电荷 B. 疏水性带，负电荷 C. 亲水性带，负电荷 D. 亲水性带，正电荷
答案：C

74. 城市污水处理厂中污泥比阻值最小的污泥种类为( )。
A. 初沉污泥 B. 活性污泥 C. 化学污泥 D. 消化污泥
答案：A

75. 污泥中的水可分为四类，其中不能通过浓缩、调质、机械脱水方法去除的水是( )。
A. 间隙水 B. 内部水 C. 表面吸附水 D. 毛细结合水
答案：B

76. 泵站通常由( )等组成。
A. 泵房 B. 集水池 C. 水泵 D. 泵房、集水池、水泵
答案：D

77. 水在污泥中有四种存在状态，其中含量最多的是( )。
A. 毛细结合水 B. 内部水 C. 表面吸附水 D. 间隙水
答案：D

78. 下列不是为了便于污水处理厂构筑物的维修而设置的管道是( )。
A. 事故排出管 B. 超越管 C. 污泥回流管 D. 放空管
答案：C

79. 关于混凝剂和助凝剂，下列说法不正确的是( )。
A. 混凝剂可以中和胶体粒子双电层 B. 混凝剂使絮体增大
C. 助凝剂可增加絮体粒径 D. 助凝剂可以强化絮体的结构
答案：B

80. 污泥厌氧甲烷发酵时，微生物对碳氮磷比的理论要求是( )。
A. BOD:N:P=(200~400):5:1 B. BOD:N:P=100:1:0.1
C. BOD:N:P=20:1:0.2 D. BOD:N:P=100:5:1
答案：A

81. 下列关于污泥的相关指标之间关系的描述错误的是( )。
A. 污泥的体积与含水率成正相关 B. 污泥的含水率与SVI成正相关

C. 污泥的含水率与含固量成反相关　　　　　D. 污泥的体积与沉降速度成正相关
答案：D

82. 自动化系统控制分三层：第一层为（　　），第二层为PLC控制，第三层为上位机联网PLC自动控制。
A. 现场手动控制　　B. 自动PLC控制　　C. 上位机远程联网控制　　D. 电脑控制
答案：A

83. 在串口通信过程中，PLC编程主要设置的参数有（　　）、波特率、奇偶校验位。
A. 硬件组态　　B. IP地址　　C. 节点地址　　D. 数据库
答案：C

84. 自动化系统硬件可以实现的功能包括（　　）、通信功能、控制功能、报警功能。
A. 管理功能　　B. 采集功能　　C. 切换功能　　D. 传递功能
答案：B

85. 自动化系统软件可以实现的功能包括（　　）、数据管理功能、数据处理功能、报表打印功能。
A. 监视功能　　B. 存储功能　　C. 计算功能　　D. 模拟动画功能
答案：D

86. PLC由电源模块、（　　）、数字量输入输出模块、模拟量输入输出模块和通信模块等组成，可以根据工程项目的实际需求自由搭配模块。
A. 电池模块　　B. CPU模块　　C. 网络通信模块　　D. 存储模块
答案：B

87. PLC的工作过程如下：当可编程逻辑控制器投入运行后，其工作过程一般分为三个阶段，即输入采样、（　　）和输出刷新三个阶段。
A. 编译　　B. 下载　　C. 用户程序执行　　D. 上载
答案：C

88. PLC的编程语言包括（　　）、语句表语言、功能块图等。
A. 梯形图　　B. 方框图　　C. 指令表　　D. 数据采集
答案：A

89. 变频器主要由（　　）、滤波、逆变（直流变交流）、制动单元、驱动单元、检测单元微处理单元等组成。
A. 输出单元　　B. 输入单元　　C. 整流（交流变直流）　　D. 存储单元
答案：C

90. 一台离心水泵转速提高1倍，则（　　）。
A. 流量增加1倍、扬程不增加、功率增加1倍　　B. 流量增加1倍、扬程增加1倍、功率增加1倍
C. 流量不增加、扬程增加1倍、功率增加1倍　　D. 流量增加1倍、扬程增加1倍、功率增加4倍
答案：D

91. 三相异步电动机（两极）的转速是（　　）。
A. 2980r/min　　B. 50r/s　　C. 2000r/min　　D. 1000r/min
答案：A

92. 离心泵的转速增加，则它的（　　）。
A. 流量增加，扬程不变　　　　　　　　　　B. 扬程增加，流量不变
C. 扬程流量、功率都增加　　　　　　　　　D. 扬程、流量增加，功率不变
答案：C

93. 在污泥堆肥过程中，堆肥物料的透气性特别重要，下列不是影响物料透气性的主要原因是（　　）。
A. 污泥本身的含水率　　　　　　　　　　　B. 添加的调理剂
C. 垛体添加的秸秆　　　　　　　　　　　　D. 污泥本身的电导率
答案：D

94. 污泥中所含水分大致可分为4种，其中颗粒间的空隙水约占（　　）。
A. 10%~30%　　B. 30%~50%　　C. 50%~70%　　D. 70%~80%
答案：D

二、多选题

1. 截流式布置适用于（　　）。
   A. 分流制污水排水系统　B. 区域排水系统　　C. 合流制排水系统　　D. 完全式排水系统
   答案：AB

2. 工业废水排水系统的主要组成部分为（　　）。
   A. 车间内部管道系统和设备　　　　　B. 厂区管道系统
   C. 污水泵站及压力管道　　　　　　　D. 废水处理站
   答案：ABCD

3. 排水系统是指排水的（　　），以及排放等设施以一定方式组合成的总体。
   A. 收集　　　　B. 输送　　　　C. 处理　　　　D. 利用
   答案：ABCD

4. 下列关于地下污水管线布置原则不正确的是（　　）。
   A. 大管让小管　　　　　　　　　　　B. 刚性结构管让柔性结构管
   C. 有压管让无压管　　　　　　　　　D. 设计管线让已建管线
   答案：AB

5. 细胞膜的功能主要有（　　）。
   A. 控制细胞内外物质的运送和交换　　B. 维持细胞内的正常渗透压
   C. 合成细胞壁组分和荚膜的场所　　　D. 进行氧化磷酸化或光合磷酸化的产能基地
   答案：ABCD

6. 国标规定，螺纹的牙底和中心线在图纸上分别用（　　）表示。
   A. 粗实线　　　　B. 虚线　　　　C. 细实线
   D. 点画线　　　　E. 双点画线
   答案：CD

7. 下列说法正确的是（　　）。
   A. 电阻应变片是一种将被测件上的应变变化转换成为一种电信号的敏感器件
   B. 电阻应变片应用只有金属电阻应变片一种
   C. 金属电阻应变片有丝状应变片和金属箔状应变片两种
   D. 通常是将应变片通过特殊的黏合剂紧密地黏合在产生力学应变的基体上，当基体受力发生应力变化时，电阻应变片也一起产生形变，使应变片的阻值发生改变，从而使加在电阻上的电压发生变化
   答案：ACD

8. 超声波液位计工作时，下列注意事项正确的是（　　）。
   A. 超声波液位计工作时，高频脉冲声波由换能器（探头）发出，遇被测物体（水面）表面被反射，折回的反射回波被同一换能器（探头）接收，转换成电信号
   B. 脉冲发送和接收之间的时间（声波的运动时间）与换能器到物体表面的距离成反比
   C. 声波传输的距离 S 与声速 C 和传输时间 T 之间的关系可以用以下公式表示：$S = C \cdot T/3$
   D. 如果想保证超声波液位计测量准确，就要保证其探头没有被测量液体淹没，还要考虑盲区问题
   答案：AD

9. 下列关于电磁流量计内衬选型正确的是（　　）。
   A. 天然橡胶（软橡胶）：有较好的弹性、耐磨性和扯断力，耐一般的弱酸、弱碱的腐蚀；可测水、污水
   B. 耐酸橡胶（硬橡胶）：可耐常温下的盐酸、醋酸、草酸、氨水、磷酸及50%的硫酸、氢氧化钠、氢氧化钾的腐蚀，但不耐强氧化剂的腐蚀；可测一般的酸、碱、盐溶液
   C. 氯丁橡胶：耐一般低浓度的酸碱、盐溶液的腐蚀，耐氧化性介质的腐蚀，且要求温度小于80℃；可测水、污水、泥浆和矿浆
   D. 聚氨酯橡胶：耐酸、碱性能差，要求温度小于40℃；可测中性强磨损的煤浆、泥浆和矿浆
   E. 聚四氟乙烯：耐沸腾的盐酸、硫酸、硝酸、王水、浓碱和各种有机溶剂，耐磨性能好，黏接性能差，

要求温度为 -80 ~ +180℃；可测浓度、浓碱强腐蚀性溶液及卫生级介质

答案：ABDE

10. 下列关于污泥干化描述正确的是（   ）。
    A. 污泥干化需要蒸汽或者其他热源作为干化媒介   B. 污泥干化后，含水率一般大于65%
    C. 污泥干化后，含水率一般小于65%   D. 污泥干化后，有机份没有变化
    答案：ACD

11. 初沉污泥的产量取决于（   ）。
    A. 污水水质   B. 初沉池的运行情况   C. 泥位情况   D. 季节变化
    答案：AB

12. 下列关于污泥处置技术的具体选用原则描述正确的是（   ）。
    A. 坚持处置方式决定处理工艺   B. 强化污泥减量化措施
    C. 坚持设施合理布局、统筹兼顾   D. 优先进行土地利用
    答案：ABCD

13. 下列属于污泥的后继处置的是（   ）。
    A. 堆肥农用   B. 制作建材   C. 蚯蚓养殖   D. 做发泡混凝土或陶粒
    答案：ABCD

14. 下列关于污泥浓缩处理的描述正确的是（   ）。
    A. 污泥浓缩主要去除污泥间隙水
    B. 浓缩污泥的含水率一般可达到80%左右
    C. 污泥浓缩主要分为重力浓缩、机械浓缩和气浮浓缩
    D. 重力浓缩电耗少，缓冲能力强，也可避免磷的释放
    答案：AC

15. 污泥处理的方法，一般是指通过生化、物化的方法，实现（   ）。
    A. 减少污泥土地利用的风险   B. 去除污泥中的水分
    C. 减少污泥的容积   D. 提取污泥中的有机物
    答案：BCD

16. 污泥脱水过程中，影响泥药混合效果的因素主要有（   ）。
    A. 絮凝剂的选型   B. 溶药装置的选择   C. 混合管线的长度   D. 药泵的输送压力
    答案：ABCD

17. 带式脱水机张力过小，会造成的影响有（   ）。
    A. 使得毛细水在挤压区无法被充分挤出
    B. 造成出泥泥饼含水率偏高
    C. 导致网带打滑无法驱动
    D. 使得泥饼在挤压区容易被挤出，从而影响泥饼的产量
    答案：ABC

18. 调理剂是快速堆肥中必不可少的添加剂，它可以起到调节（   ）的作用。
    A. 物料碳氮比   B. 含水率   C. 堆肥养分   D. 有机份
    答案：ABC

19. 机械干化按照干化机的运转方式，可分为（   ）。
    A. 桨叶式干化   B. 流化床干化   C. 回转炉干化   D. 自然干化
    答案：ABC

20. 沼气搅拌是将消化池气相部分沼气抽出，经压缩后再释放回消化池。其特点是（   ）。
    A. 没有机械磨损   B. 搅拌力度大   C. 搅拌功率低   D. 搅拌效果好
    答案：AB

21. 污泥高温热水解过程中，导致污泥中有机物 VSS 减少和 SCOD 增加的过程是（   ）。
    A. 污泥絮体解体   B. 污泥细胞破碎

C. 大分子有机物水解　　　　　　　　D. 小分子有机物水解

答案：AB

22. 关于厌氧消化，下列说法正确的是(　　)。

A. 在厌氧消化过程中，污泥中的有机物经历水解、产酸、产甲烷阶段，该过程在水解菌群、产酸菌群及产甲烷菌群的共同作用下完成

B. 虽然各厌氧消化条件下的水解率、产酸率及产甲烷率出现较大差异，水解仍是未经预处理厌氧消化过程的主要限速步骤

C. 虽然各厌氧消化条件下的水解率、产酸率及产甲烷率出现较大差异，产甲烷阶段仍是未经预处理厌氧消化过程的主要限速步骤

D. 氨氮是高含固污泥厌氧消化过程中的主要抑制物，且当氨氮大于600mg/L时，系统会出现明显抑制

答案：AB

23. 下列关于板框脱水机的描述正确的是(　　)。

A. 在无机调理剂组合中，$FeCl_3 + Ca(OH)_2$ 组合的优点是成本低，出泥含水率较低且较密实，可钝化重金属、消毒、除臭；缺点是污泥干固增量多，铁盐易腐蚀，易起扬尘，易堵塞滤布，不利于后续土地利用及焚烧

B. 在无机调理剂组合中，PAC+PAM组合的优点是周期短，产量大，污泥干固增量少，不改变污泥pH，加药环境好，不易堵塞滤布；缺点是成本相对较高，污泥易发臭，出泥含水率较高

C. 一般来说，较高的洗涤水温有利于滤布的洗涤与再生，通常选择水温不应超过70℃

D. 高压隔膜压滤泥饼成品体积相较其他压滤方式大大减小，仅相当于其他成品体积的50%左右

答案：ABCD

24. 厌氧消化原位抑硫技术，是指通过向消化池中投加(　　)等金属离子降低溶解态硫化物的浓度，以抑制沼气中硫化氢的生成。

A. 氯化铁　　　　B. 磷酸铁　　　　C. 氧化铁　　　　D. 硫酸铝

答案：ABC

25. 污泥中温厌氧消化产气中硫化氢气体的产生途径主要有(　　)。

A. 含硫蛋白质的水解　　B. 硫酸盐的还原　　C. 硫化物的转化　　D. 二氧化硫的转化

答案：ABC

26. 下列关于污泥热干化的描述正确的是(　　)。

A. 在相同加热条件下，接触界面的粗糙度越大则污泥的黏结量越小

B. 脱水污泥的黏结量随含水率的降低而增加，含水率到60%左右时，污泥的黏结量达到最大，随后黏结量随含水率的降低而减少

C. 脱水污泥的黏结量随含水率的降低而增加，含水率到40%左右时，污泥的黏结量达到最大，随后黏结量随含水率的降低而减少

D. 污泥热干化过程中，往往存在污泥黏结在干燥设备壁面上的问题。污泥黏结会降低干燥过程中的热传递和污泥干燥的效率，影响污泥干燥设备的使用寿命，黏结污泥过度干燥还会增大设备起火、爆炸的风险

答案：BD

27. 下列关于污泥干化焚烧耦合工艺描论正确的是(　　)。

A. 污泥过度干化，即入炉污泥含水率较低，干化系统能耗大，高干度污泥在焚烧炉中燃烧生成高温烟气，经余热利用系统将余热回用于污泥的干化，干化过程能量不足还须补充大量外加辅助能量

B. 污泥干化不足，即入炉污泥含水率较高，则焚烧炉的稳定运行须通过增加大量辅助燃料才能保证，供热越多损失也越多，总能耗较高

C. 可通过调节干化段出泥含水率来改变焚烧炉进泥热值

D. 当污泥干基热值较高时，可通过降低干化段出泥含水率来降低焚烧炉进泥热值

答案：ABC

28. 下列关于污泥好氧堆肥描述正确的是(　　)。

A. 用于堆肥的污泥通常碳氮比偏低，含水率较高

B. 用于堆肥的污泥通常碳氮比偏高，含水率较高

C. 稻草、秸秆、树叶、木片和锯末等具有较高的碳氮比和较低的含水率，可以作为调理剂对物料成分进行调节

D. 稻草、秸秆、树叶、木片和锯末等具有较低的碳氮比和较高的含水率，可以作为调理剂对物料成分进行调节

答案：AC

29. 污泥焚烧烟气中的污染物有（　　）。
A. 颗粒物　　　　B. 重金属　　　　C. 二恶英　　　　D. 气体污染物

答案：ABCD

30. 电机控制器是用来控制电动机的主令电器，具有（　　）功能。
A. 启动　　　　B. 调速　　　　C. 制动　　　　D. 反向

答案：ABCD

31. 下列是PLC构成的存储程序控制系统的部分有（　　）。
A. 来自被控对象上的各种状态信息　　　　B. 接受程序执行结果的状态
C. 程序　　　　D. 计算机

答案：ABC

三、简答题

1. 简述排水工程的规划设计应考虑的问题。

答：（1）排水工程的规划应符合区域规划，以及城市和工业企业的总体规划，并应与城市和工业企业中其他单项工程建设密切配合、互相协调。

（2）排水工程的规划与设计，要与邻近区域内的污水和污泥的处理和处置协调。

（3）排水工程的规划与设计，应处理好污染源治理与集中处理的关系。

2. 简述排水系统的建设程序和设计阶段。

答：（1）给水排水工程建设程序可分为以下步骤：①提出项目建议书；②进行可行性研究；③编制设计文件；④组织施工；⑤竣工验收、交付使用。

（2）给水排水管道工程的规划设计可分为三个阶段（初步设计、技术设计、施工图设计）或两个阶段（初步设计或扩大初步设计和施工图设计）进行。

3. 生产成本核算是污水处理厂运行管理的重要环节，简述生产成本的主要内容。

答：生产成本主要包括动力费用、材料费用、维修费用、检测费用等。

(1) 动力费用：指生产运营中消耗的电力、热力等动力支出。

(2) 材料费用：指生产运营中消耗的燃油、石灰、添加剂、药剂等材料支出。

(3) 维修费用：设备维修等的支出。

(4) 检测费用：指生产运营中发生的各项检测支出。

4. 简述初沉污泥的特点。

答：（1）在正常情况下为棕褐色略带灰色。

（2）pH一般为5.5~7.5，典型值为6.5左右，略显酸性。

（3）含固量一般为2%~4%，常为3%左右，具体取决于初沉池的排泥操作。

（4）有机份含量一般为55%~70%。

5. 简述剩余污泥的特点。

答：（1）外观为黄褐色絮体，有土腥味。

（2）含固量一般为0.5%~0.8%，具体取决于所采用的污水处理生化工艺。

（3）有机份含量常为70%~85%。

（4）pH为6.5~7.5，具体取决于污水处理系统的工艺及控制状态。

6. 简述厌氧生化处理是如何分解有机物的。

答：厌氧消化过程分为三个阶段：

（1）第一阶段为水解酸化阶段：在细胞体外酶作用下，将复杂的分子、不溶性有机物水解为小的可溶性有

机物,然后渗入细胞体内分解,产生挥发性有机酸、醇类、醛类等,这阶段主要产生高级脂肪酸。

(2)第二阶段为产氢、产乙酸阶段:在产氢、产乙酸菌作用下,将第一阶段产生的各种小分子有机物转化成乙酸和H_2,并将奇数碳有机物还原,产生CO_2。

(3)第三阶段为产甲烷气阶段:在产甲烷菌的作用下,将乙酸、乙酸盐、CO_2和H_2转化为CH_4。

7. 简述城镇污水处理厂安装的溶解氧传感器(以哈希在线溶解氧仪为标准)的操作方法,及该仪表的校正过程。

答:(1)配置传感器,进入菜单,设置传感器,选择传感器。

(2)输入气压值,进入菜单,设置传感器,选择传感器,配置,设置单位,输入的调整气压为海拔或压力单位,一般选择海拔。

(3)输入盐度修正值。

(4)测量校准。空气校准流程:①用湿抹布清洁传感器;②将整个传感器置于盛有25~50mL水的校准包中,确保传感器帽未接触标准包中的水,并且盖帽上没有水珠;③用橡皮筋、绑带或徒手将传感器牢固密封;④校准前让仪表稳定15min,仪器稳定期间避免校准包受到阳光直射;⑤确保当前绝对气压或高度配置正确;⑥进入菜单,设置传感器,选择传感器,校准,空气校准;⑦控制器显示将探头移至校准包,等待数据稳定,按输入接受该稳定值,或者持续校准直至显示完成。

四、计算题

1. 某污水处理厂共有3台离心浓缩机和4台离心脱水机,均采用双变频驱动转鼓和螺旋,进泥泵、加药泵变频可调;离心浓缩机单台处理量为40~100m^3/h,进泥含水率为98.5%~99.4%;离心脱水机单台处理量为25~50m^3/h,进泥含水率为95%~97.5%。根据生产需要,初沉污泥排放量为45m^3/h,浓度为40g/L;剩余污泥排放量为200m^3/h,浓度为8g/L,浓缩后含水率为95%,要求脱水处理后污泥含水率小于80%。忽略固体回收率对工艺、设备的影响,如何经济可行地开启离心浓缩机和离心脱水机?

解:(1)浓缩共需处理的污泥干固量 = 200 × 8 = 1600kg/h

单台浓缩机可处理的污泥干固量 = 40 × (1 - 98.5%) × 1000 = 100 × (1 - 99.4%) × 1000 = 600kg/h

1600/600 ≈ 2.67,故需开3台离心浓缩机。

可采用3台离心浓缩机均衡运行,单台处理量 = 200/3 ≈ 67.7m^3/h

或其中2台离心浓缩机满负荷运行(单台处理量600/8 = 75m^3/h),另1台非满负荷运行(处理量 = 200 - 2 × 75 = 50m^3/h,仍大于最小处理量)。

(2)脱水共需处理的污泥干固量 = 1600 + 45 × 40 = 3400kg/h

单台脱水机可处理污泥干固量 = 25 × (1 - 95%) × 1000 = 50 × (1 - 97.5%) × 1000 = 1250kg/h

3400/1250 = 2.72,故需开3台离心脱水机。

共需脱水的污泥体积 = 200 × 8/50 + 45 = 77m^3/h

脱水机进泥含固量 = 3400/(77 × 1000) × 100% ≈ 4.4%,即44kg/m^3,单台脱水机可处理量 = 1250/44 = 28.3m^3/h

如让2台满负荷运行,另1台脱水机处理量 = 77 - 28.3 × 2 = 20.4m^3/h,小于单台最小处理量。如让1台满负荷运行,另2台脱水机处理量 = (77 - 28.3)/2 = 24.35m^3/h,仍小于单台最小处理量。

故让3台脱水机均衡运行,单台处理量 = 77/3 ≈ 25.7m^3/h

2. 某厂消化系统由消化池、脱硫塔、沼气柜、废气燃烧器、沼气锅炉组成。其中:柔膜沼气柜为3座,单柜容积为4000m^3;废气燃烧器为2台,单台流量为800m^3/h;沼气锅炉为3台,单台流量为400m^3/h。某日,沼气锅炉电路系统出现故障,锅炉无法开启;废气燃烧器有1台正在维修,只能开启1台。此时,消化池沼气瞬时产气量为1500m^3/h,3座气柜的总储气量为9000m^3。请问,作为一名运行人员,应急开启废气燃烧器时,给锅炉抢修的时间有多长?

解:抢修时间 t = (4000 × 3 - 9000)/(1500 - 800) ≈ 4.3h

3. 某污水处理厂污泥浓缩池,当控制固体表面负荷q_s为50kg/(m^2·d)时,得到如下浓缩效果:浓缩池进泥量Q_i = 500m^3/d,进泥的含水率98%,排泥量Q_u = 200m^3/d,排泥的含水率为95.5%。试评价浓缩效果,并计算分离率。

解：由进泥和出泥的含水率分别为为98%和95.5%，得进泥含固量 = 1 - 98% = 2%，即20kg/m³，出泥的含固量 = 1 - 95.5% = 4.5%，即45kg/m³

已知 $Q_i = 500\text{m}^3/\text{d}$，$Q_u = 200\text{m}^2/\text{d}$

浓缩比 $f = C_u/C_i = 45/20 = 2.25 > 2.0$

固体回收率 $\eta = (Q_u \times C_u)/(Q_i \times C_i) \times 100\% = (200 \times 45)/(500 \times 20) \times 100\% = 90\%$

分离率 $F = (500 - 200)/500 \times 100\% = 60\%$

经计算得知，该浓缩效果污泥的浓缩比为2.25，有90%的污泥固体随排泥进入后续污泥处理系统，只有10%的污泥固体随上清液流失。经浓缩后，60%的上清液中携带10%的固体，从污泥中分离出来。

第三节 操作知识

一、单选题

1. 关于浮盖式低压湿式气柜的维护管理，下列说法错误的是(　　)。
   A. 应时刻保证压力安全阀处于正常工作状态
   B. 应定期检查水封液位并及时补水
   C. 应注意外力对浮盖的影响，雨雪天气应及时清除浮盖上的积雪
   D. 消化池暂停运行时，应将气柜内气体完全放空
   答案：D

2. 污泥厌氧消化工艺中，经常遇到的问题是污泥管路结垢，针对这种情况，下列说法不正确的是(　　)。
   A. 结垢原因是进泥中硬度与磷酸根离子在消化液中与大量 NH_4^+ 结合生成磷酸铵镁沉淀
   B. 管道内结垢，将增大管道阻力，如果换热器结垢则会降低热交换效率
   C. 污泥管道结垢是由于消化池温度过高，需要提高消化池换热效率，降低污泥在管道内的流速，能够减少结垢现象
   D. 当结垢严重时，最基本的方法是用酸清洗
   答案：C

3. 关于消化池泄空操作，下列描述不正确的是(　　)。
   A. 泄空前，应确认消化池进泥泵、中部污泥循环泵、搅拌器(沼气压缩机)均为停止状态，并挂牌标示"未经允许，严禁开启"
   B. 消化池泄空时，应注意关闭消化池顶部沼气管线的放空阀，避免沼气释放到大气中
   C. 根据消化污泥储泥池承受能力和循环污泥泵流量，控制每日排泥时间
   D. 在消化池人孔处安装潜水泵进行污泥抽升完成消化池的泄空作业，必要时须向消化池打入清水对污泥进行稀释
   答案：B

4. 关于沼气输送管线及管线上附属设施日常维护内容，下列描述不正确的是(　　)。
   A. 应每年对沼气输送管线及管线上附属设施进行防漏检测
   B. 使用通过年检的气体管线测漏仪或喷涂肥皂水进行检测
   C. 检测人员须穿戴防静电工作装、劳保鞋、安全帽等劳动保护用品和用具
   D. 检测(查)到漏点，确认具体位置后，应在漏点周边设置警戒区域并及时上报
   答案：A

5. 消化池内的腐蚀现象很严重，下列说法不正确的是(　　)。
   A. 消化池内的腐蚀有电化学腐蚀和生物腐蚀
   B. 电化学腐蚀主要是消化过程中产生的硫化氢导致的
   C. 生物腐蚀为用于提高气密性和水密性的有机防渗防水涂料，被微生物分解，从而失去防水防渗效果
   D. 消化池停运泄空后，应根据腐蚀程度对所有金属部件进行重新防腐处理，对池壁进行防渗处理

答案：B

6. 下列关于污水处理生产月度计划内容的描述错误的是（　　）。
A. 生产处理质量指标（如污泥处理量、处理标准等）
B. 生产材料（含药剂）需求量及采购
C. 设备设施月度维修
D. 主要动力能源消耗情况
答案：D

7. 下列关于污泥处理生产月度计划内容属于生产处理质量标准项的是（　　）。
A. 月度污泥处理量　　　　　　　　B. 药剂需求量及采购
C. 自来水需求量　　　　　　　　　D. 设备维修计划
答案：A

8. 下列属于污泥处理区域设施类报表的是（　　）。
A. 污泥区域管线台账　　　　　　　B. 离心机维修维护台账
C. 固定资产台账　　　　　　　　　D. 脱水机故障记录
答案：A

9. 下列属于污泥处理设备故障和维修情况报表的是（　　）。
A. 储泥池泄空记录　　　　　　　　B. 板框压滤机巡视检查记录
C. 离心机故障记录　　　　　　　　D. 消化池运行日报表
答案：C

10. 生产成本的核算主要是核算成本组成中的动力费用、（　　）、维修费用、检测费用等。
A. 差旅费用　　　B. 材料费用　　　C. 人工费用　　　D. 消防费用
答案：B

11. 下列关于某厂月度生产计划显示，正确的是（　　）。
A. 生产计划期限：2017年1月1日—1月30日
B. 生产维修计划显示：1月完成清水池栏杆维修
C. 月度计划规定了污泥处理过程药剂使用量：絮凝剂14t，碳酸氢钠20t
D. 计划显示：1月完成沼气冷凝水井抽升水泵的维修，工期为3d
答案：D

12. 一台正常使用的填料密封的水泵，密封部位有滴水现象，下列属于正常情况的是（　　）。
A. 不允许漏水　　　　　　　　　　B. 每分钟允许漏水2～10滴
C. 每分钟漏水不得超过100mL　　　D. 每分钟允许滴水50～200滴
答案：D

13. 曝气用鼓风机出口的管道总是热的主要原因是（　　）。
A. 空气受到摩擦发热　　　　　　　B. 电动机发热带到空气中
C. 曝气需要热空气，人为将气体加热　D. 空气被压缩后温度升高
答案：D

14. 常用滚动轴承在运转时会发热，下列属于不正常的滚动轴承温度的是（　　）。
A. 50℃以上　　B. 60℃以上　　C. 80℃以上　　D. 100℃以上
答案：C

15. 某日，热水解自控系统显示"因浆化罐内的压力高，自控系统出现报警"，导致整个热水解自控系统退出运行，下列可能性最大的原因是（　　）。
A. 沼气锅炉出现故障，导致蒸汽供给压力不足，进而又导致热水解浆化罐压力增加
B. 热水解浆化罐的排泥泵出现故障，导致浆化罐实际料位超过正常工作料位，进而又导致浆化罐出现压力过高的情况
C. 热水解浆化罐内的压力计出现故障
D. 热水解工艺气排放过多，导致浆化罐压力增加

答案：B

16. 某日，运行人员在消化池顶部例行巡视中观察到消化池液面上有较多泡沫。对此泡沫产生原因的分析不正确的是（　　）。
    A. 消化池进泥中可能有丝状菌　　　　　B. 消化池进泥中表面活性剂成分较多
    C. 消化池进泥以剩余污泥为主　　　　　D. 消化池进泥以初沉污泥为主
    答案：D

17. 下列污泥处理处置方法中可以由表观看出处理效果的是（　　）。
    A. 焚烧　　　　B. 浓缩　　　　C. 筛分　　　　D. 消化
    答案：C

18. 下列污泥处理处置方法中可以通过观察滤液掌握处理效果的是（　　）。
    A. 热水解　　　B. 消化　　　　C. 脱水　　　　D. 焚烧
    答案：C

19. 下列污泥处理处置方法中可以不借助取样化验掌握处理效果的是（　　）。
    A. 焚烧　　　　B. 浓缩　　　　C. 筛分　　　　D. 消化
    答案：C

20. 带式脱水机运行控制主要有泥药调质控制和设备控制两类。下列说法不正确的是（　　）。
    A. 在加药量过小的情况下，来泥得不到完全絮凝，期间可能存在部分泥没有絮凝的情况，这样必然导致泥水分离效果变差
    B. 加药量过大的情况下，泥药混合絮团会变得比较大，由于絮凝剂的黏度增大，导致泥水分离效果变差，同时过量的药会混于滤液中，从而使得滤带极易堵塞
    C. 带速过慢必然造成单位时间内设备的处理量降低，这样将会有大量的泥在设备的各个区域堆积，从而造成重力区的跑泥和挤压区的挤泥
    D. 带速过快导致来泥中含有的大量水分在楔形区来不及渗透，必然会造成重力区跑泥和挤压区挤泥
    答案：D

21. 下列关于带式脱水机网带张力控制说法不正确的是（　　）。
    A. 网带张力过小，会存在网带张不紧的情况，轻时会使得毛细水在挤压区无法充分挤出
    B. 网带张力过小，会造成出泥泥饼含水率偏高，严重时会导致网带打滑无法驱动
    C. 网带张力过大，会使得网带驱动负荷降低，由于挤压力过大，会使得泥饼在挤压区容易被挤出
    D. 网带张力过大，会使得网带过快地发生松弛，甚至使网带拉断，影响了网带的使用寿命
    答案：C

22. 湿式气柜水封槽内水的pH应定期测定，当pH小于（　　）时，应换水并保持压力平衡，严禁出现负压。
    A. 5　　　　　B. 6　　　　　C. 7　　　　　D. 8
    答案：B

23. 关于污泥料仓，下列描述正确的是（　　）。
    A. 料仓的贮存量不得大于总容量的70%　　　　B. 料仓的贮存量不得大于总容量的80%
    C. 料仓的贮存量不得大于总容量的90%　　　　D. 料仓的贮存量不得大于总容量的95%
    答案：C

24. 关于干化机，下列描述正确的是（　　）。
    A. 在正常操作条件下，累计运行15000h后应更换润滑油，但最长不得超过3年
    B. 在正常操作条件下，累计运行3000h后应更换润滑油，但最长不得超过1年
    C. 在正常操作条件下，累计运行5000h后应更换润滑油，但最长不得超过1年
    D. 在正常操作条件下，累计运行10000h后应更换润滑油，但最长不得超过2年
    答案：A

二、多选题

1. 消化池的主要维护内容是消化池清淤。消化池清淤的频率取决于（　　）和消化池构造。

A. 进泥预处理效果　　　B. 除砂效率　　　C. 搅拌系统　　　D. 排泥系统
答案：ABC

2. 关于污泥管道运输，下列说法正确的有（　　）。
A. 污泥管道运输是污水处理厂内或长距离输送的常用方法
B. 污泥管道长距离输送需要污泥的流量较大，一般应超过 100m³/h
C. 污泥管道运输需要污泥含水率较高、流动性较好
D. 污泥管道运输需要污泥所含油脂成分较少
答案：ACD

3. 下列关于浓缩池日常维护内容描述正确的是（　　）。
A. 由浮渣刮板刮至浮渣槽内的浮渣应及时清除，无浮渣刮板时，可用水冲方法将浮渣冲至池边清除
B. 初沉污泥和活性污泥混合浓缩时，应保证两种污泥混合均匀，否则会因密度流扰动污泥层，降低浓缩效果
C. 在浓缩池入流污泥中加入部分污水，可以防止污泥厌氧上浮
D. 浓缩池是恶臭很严重的处理单元，应对池壁、浮渣槽、出水堰等部位定期进行清理，尽量使恶臭降低
答案：ABD

4. 我国用（　　）标准铂电阻温度计来传递温标，用它做标准来检定水银温度计和其他类型的温度计。
A. 特等　　　B. 一等　　　C. 二等　　　D. 三等
答案：BC

5. 校准温度计时，不再进行（　　）的以外的温度校准或者定点校准工作。
A. −10℃　　　B. 0℃　　　C. 50℃　　　D. 100℃
答案：BD

6. 某日，上级部门到某厂检查，抽查污泥处理运行记录填写情况，下列描述正确的是（　　）。
A. 离心机运行记录中记录了离心机进泥量、加药量、电量等数据
B. 离心机日用电量为当日 7 点表底数减去上日 7 点表底数
C. 消化池运行记录中记录了压力、沼气流量、液位、pH 等
D. 浓缩池运行记录表中的未运行池子以横线划出
答案：ABCD

7. 某日，上级部门到某厂检查，下列材料中属于生产计划与成本核算的有（　　）。
A. 消化池运行记录表　　　B. 污泥运行 1 个月的生产计划表
C. 脱水班交接班记录　　　D. 污泥运行成本核算表
答案：BD

8. 下列对于锅炉运行维护描述正确的是（　　）。
A. 应每年对锅炉全套设备进行 1 次维护与保养，对相关部件的气密性进行复查
B. 应每年测量 1 次燃烧烟气值
C. 应于每次保养后测量燃烧烟气值
D. 应于每次故障处理后测量燃烧烟气值
答案：ACD

9. 流化床式污泥干化机运行时，下列描述不正确的是（　　）。
A. 应连续监测气体回路中氧的浓度　　　B. 应连续监测气体回路中甲烷的浓度
C. 应连续监测气体回路中硫化氢的浓度　　　D. 应连续监测气体回路中氨的浓度
答案：BCD

10. 关于流化床干化机，下列描述不正确的是（　　）。
A. 每运行 3 个月应对热交换器、风帽、气水分离器、高水位报警点、风室挡板等进行全面检查、清理，并应对所有的密封磨损情况进行详细的检查和记录
B. 每运行 6 个月应对热交换器、风帽、气水分离器、高水位报警点、风室挡板等进行全面检查、清理，并应对所有的密封磨损情况进行详细的检查和记录

C. 应每半年对干化机的干化带、风道系统等进行1次清理
D. 应每年对干化机的干化带、风道系统等进行1次清理
答案：BC

11. 静态强制通风堆肥系统运转后堆体温度达不到50~60℃的原因有（　　）。
A. 污泥和返混料搅拌不均匀　　　　　　B. 污泥的含水率太低
C. 通风过量　　　　　　　　　　　　　D. 调理剂添加过量
答案：ABC

12. 对于污泥焚烧运行工来说，焚烧炉炉温过高，可能的原因有（　　）。
A. 燃料进料速率过高　　　　　　　　　B. 污泥中有机份含量较高
C. 污泥中有机份含量较低　　　　　　　D. 温度计出现故障
答案：ABD

13. 水泵轴过热的原因可能有（　　）。
A. 缺润滑油　　B. 泵轴弯曲　　C. 动力机轴不同心　　D. 无冷却水
答案：ABCD

14. 污泥在浓缩池中如果停留时间继续延长，则可能发生（　　），产生CO_2和H_2S或N_2，直接导致污泥上浮。
A. 厌氧分解　　B. 反硝化　　C. 硝化　　D. 好氧消化
答案：AB

15. 带式浓缩机运行的异常情况包括（　　）。
A. 带式浓缩机滤液逐渐浑浊，SS不断升高　　B. 加药泵运转异常，出药量少
C. 储药箱和干粉料仓料位低　　　　　　　　D. 网带出现损坏
答案：ABCD

16. 带式脱水机带速过慢，会造成的影响有（　　）。
A. 泥中含有的大量水分，在重力区来不及渗透　　B. 单位时间内设备的处理量降低
C. 会有大量的泥在设备的各个区域堆积　　　　　D. 重力区的跑泥和挤压区的挤泥
答案：BCD

17. 对于污泥焚烧运行工来说，烟道气中氧含量过高，可能存在的原因有（　　）。
A. 污泥减料速率太低　　　　　　　　　B. 空气进气速率太高
C. 污泥中有机份含量过高　　　　　　　D. 烟道气中氧气探测仪发生故障
答案：ABD

18. 离心脱水机出现振动，作为一名运转工，下列原因分析正确的是（　　）。
A. 可能是离心机内部卷轴性能变差　　　B. 可能是传送装置的轴承出现损坏
C. 可能是进泥泥质发生变化　　　　　　D. 可能是絮凝剂调配不合理
答案：AB

19. 板框脱水机过滤循环周期过长，作为一名运转工，下列属于可能存在的原因有（　　）。
A. 进泥污泥的含水率过高　　　　　　　B. 过滤介质出现堵塞
C. 污泥调质时间过长　　　　　　　　　D. 反冲洗水压力不足
答案：ABCD

三、简答题

1. 简述压力传感器的维护要点。

答：(1) 应检查导压管及安装孔，传感器在安装和拆卸过程中，螺纹部分容易受到磨损。这不仅会影响整个管路的密封性，也会造成压力变送器不能采集到准确的压力数值，如果在高温蒸汽等危险传输截止管道，还有可能产生安全隐患。

(2) 应保持安装孔和导压管清洁，如在维护过程中发现压力传感器有液体或渣滓累积，要及时清洁，并评估当前的安装位置是否适合继续使用。如有必要，在降低维护频率、保证仪表数据正确的同时，考虑更改安装

位置，保证仪表的长时间、稳定、有效运行。

2. 简述污泥处理处置区域的运行记录应包含的内容。

答：污泥处理处置区域的运行记录应包括污泥筛分、洗砂、均质、浓缩、脱水等处理工序。在运行记录中做好污泥处理量、沼气产生量、沼气利用量、发电量等的记录，并做好电、自来水、天然气、脱水及消毒药剂、除磷药剂、中和药剂、油品等消耗记录。同时，在运行值班表中，应记录设备电气仪表故障和设施异常情况。

四、实操题

1. 简述用比较法校准压力变送器的步骤。

答：(1)拆下设备，将手操压力泵输入端分别接在精密压力表和压力变送器的入口上。

(2)将压力变送器上电，将精密电流表串入直流24V电源回路里。

(3)用手操泵逐渐加压(由小到大)，同时查看精密电流表的电流值(由大到小)，检验电流随压力变化的对应线性关系。

(4)如变送器的压力与电流的对应点超出误差范围(相对误差在0.25%之内为合格)，应根据仪表说明书进行电流的零点与最大值之间的调整，调整后再标定，结果误差范围在0.25%以内判定为合格。

2. 简述带式脱水机日常运行存在的问题、原因和解决办法。

答：(1)问题：泥饼水分突然增大。

原因：絮凝剂与污泥混合不好或药剂量投加不当；滤带堵塞。

解决方法：调整混合时间、强度；调整药剂量；清洗滤带。

(2)问题：滤带打滑。

原因：脱水机运行超负荷；滤带张力不够；辊转动失灵或轴承损坏。

解决方法：调整进泥量；调整压力；调整挡泥板和刮泥板压力；更换轴承。

(3)问题：网带跑偏。

原因：污泥偏载；滚筒表面黏结或磨损；滤带质量差；辊轴不平行。

解决办法：检查、调整进泥和配泥装置，使布泥均匀；清理或更换滚筒；更换滤带；检查调整辊筒的平行度。

(4)问题：污泥外溢。

原因：污泥过稀；滤带张力太大；带速过快。

解决方法：延长污泥浓缩时间；降低滤带压力；降低带速。

(5)问题：滤带起拱。

原因：压力脱水区缠绕在辊子表面的两条滤带不重合；滤带内部张力不均。

解决方法：检查起拱处相邻辊子的转动状况，对轴承进行检查维护；检查起拱滤带的张紧装置，排除故障，减小张紧导向杆的移动阻力；调整张紧气压。

(6)问题：滤带上粘泥过多。

原因：刮泥板磨损；水冲洗不彻底。

解决方法：更换刮泥板；清洗冲洗喷嘴，加大冲洗水压。

3. 运行中可能出现个别消化池或整个消化池系统压力突然升高或降低的情况。简述原因及解决办法。

答：(1)原因分析：

①个别消化池压力突然升高或降低，可能是因为当前消化池进泥或排泥流量大，造成消化池压力变化；当整个消化池系统压力升高时，可能的原因是进泥负荷增加，瞬时产气量变大。

②消化池压力升高还可能是因为沼气管线冷凝水排放不畅或沼气过滤装置阻力变大。

③压力突然降低有可能是因为沼气输送系统存在漏点。

(2)解决方法：

①消化池压力突然升高时可能将消化池顶部安全阀顶开，导致沼气泄漏。此时，应首先停止该消化池进泥泵，手动开启排泥阀，降低消化池液位，并按照操作规程尽快恢复消化池运行。

②定期清洗沼气管线卵石过滤器，若出现在线清洗效果不理想的情况，可利用柠檬酸或次氯酸钠进行离线清洗。检查沼气管线冷凝水井是否有堵塞情况。

③定期检查沼气输送管线以及气柜、脱硫塔等装置,及时修复泄漏点。

4. 小陈作为一名运转人员,今天值班负责热水解高级消化系统的取样,近几日,消化池产气量较前一周明显减少,请替他安排一下取样种类及测试项目来辅助判断消化池的运行状况。

答:(1)首先,小陈应该查看热水解系统,在系统无异常的情况下,取样分析热水解前后的泥质,重点测试热水解前后污泥的含水率、有机份、挥发性脂肪酸、碱度等,以判断消化池进泥是否有变化。

(2)然后,小陈应该取消化池内的泥样,测试厌氧消化前后污泥的含水率、有机份;并取气样测试沼气的成分,如甲烷、硫化氢含量等。从而判断消化池是否有异常。

(3)若热水解进泥的有机份发生变化,则消化池产气量会有波动。分析消化池污泥的酸碱比,若酸碱比大于0.3,说明消化池进泥量较多,应减少消化池进泥。分析消化池气样中甲烷含量的变化,若甲烷含量减少,也说明消化系统出现问题,应减少消化池进泥量。

5. 污泥脱水采用带式脱水机和三箱式聚丙烯酰胺加药装置。简述带式脱水机进行开机操作的方法。

答:(1)按规定配置絮凝剂溶液备用。

(2)确认各设备均能正常工作,设备表面或内部无异物,特别是滤布上无异物。

(3)确认所有阀门处于正确位置,如进泥阀门处于关闭状态,气阀、水阀处于开启状态。

(4)开启空气压缩机,张紧滤布,开启冲洗水泵,对滤布进行冲洗。

(5)启动螺旋输送器。

(6)启动带式压滤机,并将速度设置在40刻度处。

(7)启动重力脱水台,并将速度设置在40刻度处。

(8)启动絮凝剂计量泵。

(9)启动计量泵的同时,启动污泥泵,打开重力台前的污泥闸板阀。刚开始时,流量应设置得较低,这样不会在絮凝很差的情况下阻塞滤布。

(10)检查污泥絮凝结果,调整进泥量至合适范围。

(11)调整重力台、滤布的速度,获得最佳输出量。